La Collection des Plus Belles Histoires

Sciences et Découvertes

Les Aventuriers de l'Energie

Par Nicolas Viot

En collaboration avec

Florence Maine
Delphine Vailly

Timée-Editions

« Des livres ouverts sur Internet »
www.timee-editions.com

ISBN : 2-9518952-6-7
Dépôt légal : décembre 2003

Nous souhaitons exprimer toute notre gratitude à Electricité de France
et à son Président, Monsieur François Roussely,
sans qui cet ouvrage n'aurait pas existé.

A tous les héros de la grande histoire de l'énergie,
savants visionnaires, inventeurs passionnés et capitaines d'industrie.
Aux femmes et aux hommes qui perpétuent jour après jour
l'aventure scientifique, industrielle et humaine de l'électricité.

L'Histoire de l'électricité n'est pas que scientifique, technicienne et aride. Rappelons-nous nos souvenirs d'élèves, où s'inscrivaient les noms des pionniers de cette nouvelle forme d'énergie lorsque, durant les enseignements de physique, s'égrenait la litanie des savants prestigieux : Galvani, Franklin, Volta, Ampère, Faraday, Edison. Et nul n'a oublié la vision – certes image d'Epinal, mais ô combien révélatrice – de Benjamin Franklin maniant son cerf-volant par temps d'orage. Tous ces grands hommes nous sont familiers et ce n'est pas un hasard s'ils peuplent avec bien d'autres *La Fée électricité* de Raoul Dufy, ce tableau gigantesque qui marqua le triomphe de l'électricité à l'occasion de l'Exposition Internationale de 1937. Les personnages de cette fresque furent les découvreurs, mi-artisans mi-scientifiques, de l'électricité ; ils appartiennent à ce titre à notre patrimoine culturel.

Mais ce fluide mystérieux ainsi mis à l'honneur n'est pas non plus sans danger : la foudre a bien longtemps constitué l'unique rapport de l'homme à l'électricité. Pour canaliser celle-ci, pour la maîtriser, il fallait d'abord la comprendre et la mesurer. C'est ce travail que les scientifiques ont accompli, avec d'autant plus de difficultés que leurs expériences les mettaient aux prises avec un objet invisible. Heureusement, en ôtant du mystère à l'électricité, on ne lui ôtait pas sa magie : les grandes expositions, les relations privilégiées qui s'établirent entre l'art et les phénomènes électrique témoignent de cette fascination qui se prolonge jusqu'à nos jours.

Puis vint le temps des bâtisseurs de réseaux, avec celui des applications, prodigieuses. La « fée électricité » illuminait les villes, permettait la communication à distance, suscitait la modernisation des usines. Nous n'avons plus idée, aujourd'hui, de la transformation phénoménale qu'a engendrée l'électricité à la fin du XIXe siècle.

Préface

Son irruption dans les objets les plus divers a conduit à recomposer toutes les activités humaines, des transports (tramways, métro…) aux loisirs (cinématographe, radio…), des métiers traditionnels aux tâches domestiques. Car, après avoir été symbolisée par l'ampoule électrique, la « fée électricité » en vint aussi – et surtout – à être perçue par la population comme une « fée ménagère ». Avec l'apparition des appareils électroménagers, la modernité entrait enfin dans les foyers, réduisant la pénibilité des tâches et libérant du temps pour les loisirs… dont la TSF et la télévision, appareils électriques par excellence puisqu'ils associent l'alimentation par le réseau à la réception d'ondes, électromagnétiques elles aussi.

La banalisation de l'électricité, son accès désormais aisé à un coût relativement modéré ont fait disparaître des esprits ce que notre quotidien lui doit d'extraordinaire. L'entreprise publique Electricité de France, créée en 1946, a ainsi rempli sa mission qui était de mettre l'électricité au service de la nation. Les choix qui ont été faits, le moment venu, en faveur du développement de l'énergie nucléaire, ont permis à la fois de contenir les prix et de donner à la France une certaine indépendance énergétique. Mais les recherches en faveur d'autres sources d'énergie furent entreprises bien avant, tandis que les constructions hydroélectriques contribuaient déjà à ce qu'on appelle aujourd'hui développement durable.

A l'heure où tend à s'ébaucher un marché concurrentiel de l'électricité et où, parallèlement, s'affirme de plus en plus un « droit à l'électricité », les petites histoires de ce livre sont les bienvenues, qui illustrent l'épopée dissimulée derrière le simple scintillement d'une ampoule électrique. Au fil de ces pages, au détour d'une anecdote ou d'une illustration, le lecteur se rendra compte de ce qu'est ainsi l'électricité : une aventure humaine.

Marcel Boiteux
Président d'honneur d'Electricité de France

Sommaire

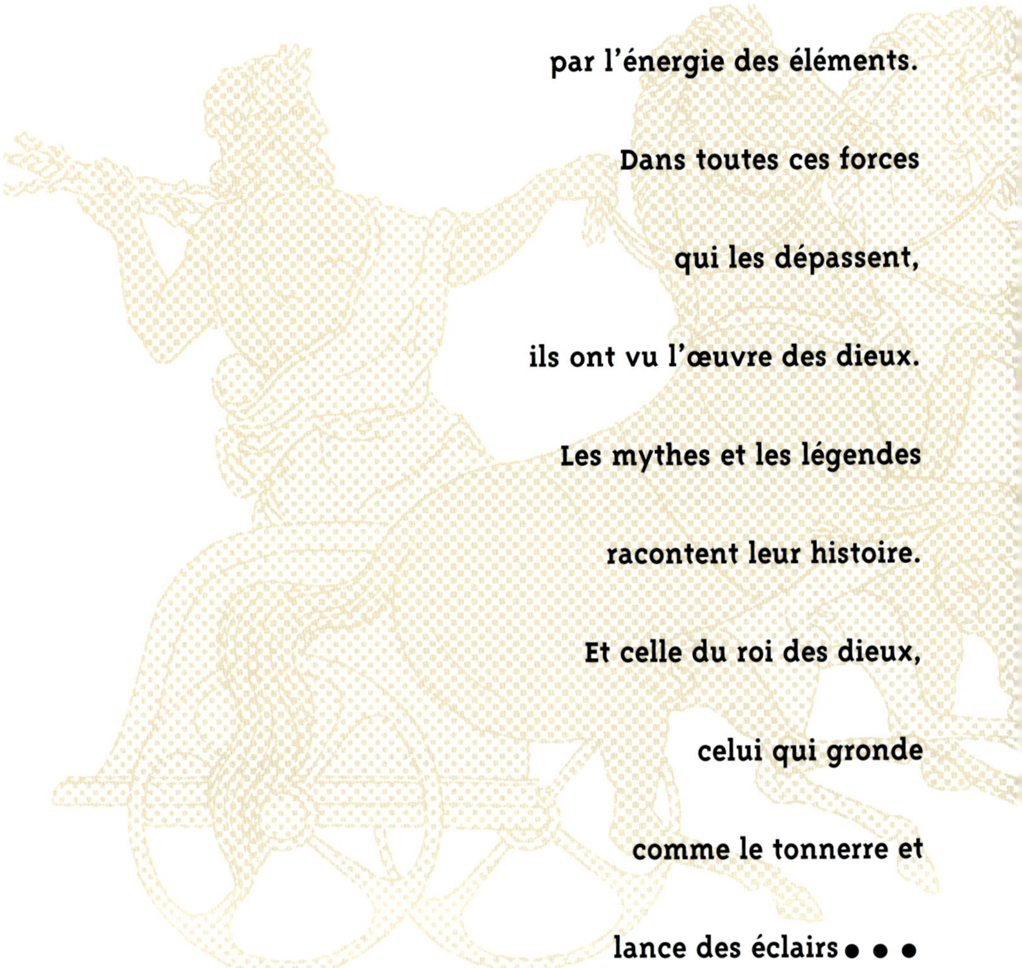

…Les hommes

ont toujours été fascinés

par l'énergie des éléments.

Dans toutes ces forces

qui les dépassent,

ils ont vu l'œuvre des dieux.

Les mythes et les légendes

racontent leur histoire.

Et celle du roi des dieux,

celui qui gronde

comme le tonnerre et

lance des éclairs…

Prologue : Du mythe à la réalité

. . . Le tonnerre gronde sur l'Olympe.

Le roi des dieux est en colère, gare à son courroux . . .

Zeus sur son chariot tiré par quatre chevaux. Dans sa main : les éclairs qui font de lui le dieu le plus redouté de l'Olympe.

Les foudres de la vengeance

De tous les phénomènes terrestres naturels, la foudre est à la fois l'un des plus fascinants et des plus terrifiants. Chaque civilisation a eu son explication. Pour les Grecs de l'Antiquité, la foudre indiquait que Zeus, le roi des dieux, était en colère…

Au commencement des temps mythologiques, l'univers est gouverné par le Titan Kronos. Avec l'aide de sa mère Gaïa et des Cyclopes, il a réussi à renverser son père Ouranos, puis s'est retourné contre les Cyclopes, qu'il a enfermés au fond de l'enfer, dans le Tartare. Désormais, Kronos est le seul maître de l'univers. Mais il s'inquiète : selon une prophétie, l'un de ses enfants lui fera subir le même traitement et s'emparera du pouvoir.

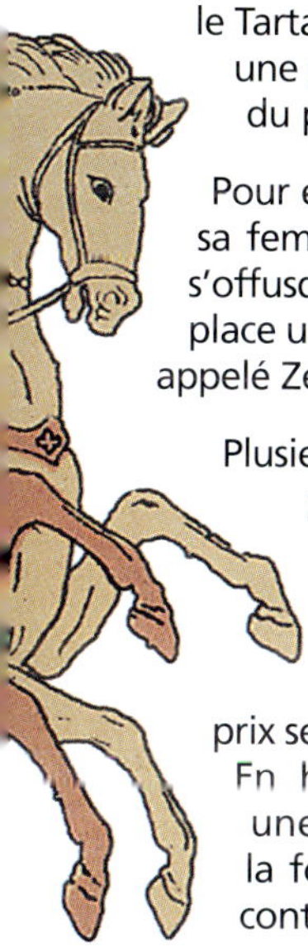

Pour empêcher un tel acte, Kronos prend les devants. A chaque accouchement de sa femme Rhéa, il s'empare du nouveau-né et l'avale d'un seul coup. Mais Rhéa s'offusque d'un tel traitement : lorsque son dernier enfant vient au monde, elle place une grosse pierre dans les langes et Kronos l'avale sans vérifier. L'enfant sauvé, appelé Zeus, est alors recueilli en Crête par les nymphes.

Plusieurs années passent. Zeus, devenu adulte, décide alors de se venger de son père. Un soir, sur ses ordres, Rhéa offre à Kronos un breuvage mystérieux. Celui-ci l'avale sans se douter d'un piège… et se met aussitôt à vomir. Les frères et sœurs de Zeus, avalés à la naissance, se retrouvent tout-à-coup libérés. Au même moment, Zeus descend dans le Tartare et libère les Cyclopes, qui veulent à tout prix se venger de la trahison de Kronos. En habiles forgerons, ils fabriquent une nouvelle arme pour Zeus, la foudre, que le dieu pourra lancer contre son adversaire…

Grâce à cette arme toute puissante, Zeus renverse Kronos et s'empare du pouvoir. Installé sur le mont Olympe, il devient le roi des hommes et des dieux, et surtout le maître du ciel, ce qui lui permet de diriger les orages et la pluie. La foudre, son arme inséparable, sera désormais la manifestation de sa puissance et de sa colère contre les hommes…

Les éclairs déchirent le ciel. Dans les croyances grecques c'était le signe de la colère du roi des dieux.

... Voler l'attribut d'un dieu ? Même un géant ne le ferait pas impunément ...

La colère de Thor

La figure mythique de Thor est l'équivalent nordique et germanique du Grec Zeus. Dieu du Tonnerre, Thor, fils d'Odin, chef des Dieux, et de Frigga, la déesse de la Terre, est particulièrement réputé pour son caractère difficile et ses colères foudroyantes...

Dans les différentes mythologies qu'il a nourries, Thor est l'emblème du Tonnerre. Outre son nom qui l'exprime littéralement, il est toujours représenté avec une barbe rousse, rappelant les éclairs, et un marteau magique, Mjöllnir, qu'il utilise pour foudroyer ses ennemis.

Un jour, Thor se fait voler son marteau. Il confie à son fidèle ami Loki la délicate mission de découvrir l'auteur de ce larcin. Aussitôt, Loki emprunte l'apparence d'un faucon et vole de tous côtés... Quelques heures plus tard, il est de retour et annonce que le géant Thrym l'a dérobé et enterré en profondeur. Selon Loki, Thrym ne rendra le marteau qu'à la seule condition d'épouser la déesse dont il est amoureux, Freyja.

Fait surprenant : Thor ne rentre pas dans une fureur noire à cette nouvelle. Il a déjà un plan en tête... Déguisé en Freyja, revêtu d'un voile de mariée, Thor se rend avec Loki dans le royaume des géants. Voyant arriver la future épouse de Thrym, ces derniers l'accueillent avec le plus grand plaisir. Pourtant, certains ne peuvent s'empêcher de remarquer l'énorme appétit de la future mariée lors du banquet de noces, ainsi que ses yeux étincelants à travers le voile...

Ces regards étonnés n'échappent pas à Loki, déguisé en serviteur. Il s'empresse alors d'apaiser les soupçons des géants, en leur assurant que la mariée n'est que trop impressionnée par ce mariage. Finalement, Thrym apporte le marteau et le dépose devant sa bien-aimée, en signe de soumission. Il n'en faut pas plus à Thor, qui s'empare du marteau et foudroie le marié ainsi que toute l'assistance ! Triomphant dans sa vengeance, Thor peut alors regagner sereinement le royaume des Dieux...

A gauche :
Thor, dieu de la foudre dans la mythologie scandinave est représenté sur son char, au-dessus des nuages.

Un fjord en Norvège.

• • • Au milieu des éclairs et des roulements de tonnerre, c'est aussi l'eau bienfaitrice que l'orage déverse sur la terre • • •

Indra et l'arme fatale

Dans la mythologie hindoue consignée dans le Rig-Veda, le livre sacré, le dieu Indra est le seigneur de la pluie, du tonnerre et de la foudre. Roi des dieux avant d'être détrôné par Vishnu, il a longtemps fait la pluie et le beau temps sur les destins des mortels…

Dans les premières minutes qui suivent sa naissance, Indra s'empare de la foudre et vide une coupe de soma, l'enivrante liqueur des dieux. Enflammé par la boisson, il entreprend alors de sauver les hommes de la sécheresse.

La colère du dieu Indra.

En effet, le démon Vritra vient de rassembler le troupeau des nuages porteurs d'eau de pluie, et les retient prisonniers dans ses forteresses. La sécheresse s'est depuis installée sur la Terre, et à cause de Vritra, les humains périssent en grand nombre. Ceux-ci, désespérés, en appellent finalement à la bienveillance d'Indra.

La réponse de celui-ci ne se fait pas attendre. Armé de la foudre, Indra est désormais investi d'un pouvoir divin. Accompagné des esprits de la Tempête et du Tonnerre, il décide de traverser les montagnes, pour affronter le maléfique serpent Vritra.

Vritra aperçoit Indra s'approcher et rugit à la vue du jeune Dieu. Pour le démon, ni Indra, ni les esprits qui l'escortent, si impétueux soient-ils, ne sauraient venir à bout de sa force. Mais le serpent ignore de quelle arme fabuleuse dispose son adversaire…

Il ne tarde pas à l'apprendre à ses dépens : sans sommation, Indra déchaîne sa foudre sur le serpent. Au même moment, la Tempête et le Tonnerre se précipitent et libèrent les nuages. Et tandis qu'une pluie diluvienne s'abat sur la Terre, dans la tourmente de l'orage et l'éblouissement des éclairs, les mortels, dansant de joie sur leurs terres brûlées, louent leur sauveur Indra, celui qui a terrassé le serpent.

Relief sculpté (daté de 967) représentant Indra sur un éléphant à trois têtes.

...Le dieu de la foudre croyait être sans pitié. Mais devant une jeune fille indignée, il est lui aussi capable de sentiments...

Le tangka est une peinture tibétaine représentant généralement des divinités. Ici, des scènes de la vie d'une communauté villageoise (1644).

Un coup de foudre divin

Pour la plupart des civilisations, la foudre a longtemps été assimilée à une manifestation terrifiante des puissances divines. Dans de nombreux contes chinois, le dieu de la Foudre est ainsi une divinité effrayante et mystérieuse. Mais quand l'Amour vient frapper à sa porte, il n'est plus qu'un homme submergé par ses sentiments…

Dans la Chine du Nord-Ouest, dans un pays nommé Huaxushi, coule le fleuve de la Foudre. Il prend sa source dans le lac de la Foudre, là où habite le redouté dieu de la Foudre. Reflet de l'humeur du dieu, le fleuve en reproduit également les excès : tantôt il est calme et limpide, et l'on peut alors dire que le dieu se repose ; tantôt il est féroce et trouble, semant la terreur lorsque le Dieu est en colère.

Quand le dieu entre en fureur, il a coutume de provoquer les violentes crues du fleuve. Le village, situé sur les berges, en fait chaque année les frais et doit donc perpétuellement reconstruire ses maisons, replanter ses arbres… Mais la patience des villageois est maintenant à bout : il faut se débarrasser du dieu ! Et tenter de le convaincre de rejoindre la demeure céleste de ses pairs.

Mais comme il est réputé pour ses foudroyants accès de colère, tous se refusent à accomplir la voyage jusqu'au lac. Tous… sauf Hua Xu, une jeune fille vivant près du fleuve. Touchée par les ravages provoqués par l'ire divine et la détresse des villageois, elle se résout à partir à sa rencontre. Après bien des jours de marche, la voilà qui atteint le fameux lac. Mais elle se sent soudain désemparée : comment faire pour rencontrer le dieu ?

Soudain, un éclair zèbre le ciel, le tonnerre se met à gronder… et le dieu apparaît, sous le regard médusé de Hua Xu. Celle-ci retrouve bien vite son assurance et accable son hôte de reproches : pourquoi ne pas laisser en paix le fleuve et les villages riverains ? Le dieu, bien que furieux de cette démarche, n'est cependant pas insensible au charme et à l'audace de la jeune fille. Il lui répond sans hésiter. « Je veux bien quitter le lac pour le ciel, mais à une condition : que tu deviennes ma femme ». Coup de foudre ou sacrifice suprême ? Ce jour-là, en tout cas, la Terre et le Ciel se sont réconciliés.

Estampe appartenant au recueil des huit vues des rivières Xiao et Xiang realisé par Shukei (fin du XVe siècle).

• • • Quand le tonnerre gronde au loin, il n'est pas de meilleure protection qu'un rameau de mûrier • • •

La cloche du soir à Kamakura, **une des huit vues de lieux célèbres du Japon peints par Toyokuni II (vers 1830).**

Un garçon du tonnerre

Au Japon, la coutume veut que l'on accroche un rameau de mûrier aux habitations pour les prémunir des dangers de la foudre. Si chacun obéit scrupuleusement à cette curieuse habitude, beaucoup ignorent que son origine se trouve dans un conte populaire antique…

Jadis, venu d'on ne sait où dans cette région du centre du Japon, un jeune garçon frappe à la porte d'une grande ferme et demande du travail. Aussitôt embauché, il ne tarde pas à étonner le fermier : chaque fois que l'orage se fait entendre, au lieu de se précipiter à l'abri, le garçon s'élance plein de joie et court à la rencontre des éclairs…

Raijin, le dieu japonais de la foudre. Détail de *Fujin Raijin byobu* par Sotatsu (fin du XVIe siècle).

Un jour, il remercie son maître pour ses bons soins, et lui annonce qu'il va « devenir tonnerre au ciel ». Il lui demande également de lui allumer un grand feu de bois, afin qu'il puisse en « chevaucher la fumée » ! Le maître, d'abord surpris, finit par se laisser convaincre et accède à sa requête. Après avoir salué les villageois, le garçon s'approche des flammes, grimpe sur la fumée et disparaît dans les nuées… Chacun comprend que cet étrange jeune homme était un dieu, et un sanctuaire est élevé à sa gloire.

Dans le hameau voisin, un jeune homme nommé Gonsuke veut imiter le Dieu. « Puisque je suis un homme, je veux monter au moins une fois au ciel, afin de visiter les lieux ». Il allume donc un feu de bois, grimpe sur la fumée et atteint le ciel. Arrivé chez le dieu Tonnerre, il est sommé d'exposer le but de son voyage. Apprenant qu'il vient visiter le ciel, celui-ci lui demande alors de l'aider à arroser le bas-monde, car il n'y arrive plus tout seul.

Gonsuke s'exécute. Il déverse l'eau, qui tombe en une pluie torrentielle sur terre. Il s'amuse énormément à inonder les champs et les forêts, jusqu'au moment où il trébuche, passe à travers un nuage et atterrit dans un bois de mûriers ! Tonnerre, voyant cela, décide de ne jamais plus lancer la foudre sur les mûriers, afin de ne pas blesser Gonsuke. Depuis lors, quand il tonne, on accroche des rameaux de mûriers aux auvents : ainsi, la foudre ne touche jamais la maison !

• • • Pour l'amour d'un homme,
la fille du Tonnerre déchaîne la colère de son père • • •

Entre ciel et terre

En Amazonie péruvienne, au fond du bassin de l'Ucayali, vivent les Indiens Shipibos. Chez eux comme chez beaucoup d'autres peuples, la foudre et les éclairs sont des phénomènes menaçants et inexpliqués. C'est pourquoi les contes sont là pour apaiser les esprits…

Près d'une forêt reculée, un jeune homme vit seul. Son unique occupation est d'aller à la chasse ou à la pêche. Un certain matin, il rencontre une femme près de l'étang. Ebloui par sa beauté, il l'invite à partager son logis et sa vie. Mais un soir, il retrouve sa maison vide : pas de trace de sa femme ! Le voilà parti dans la forêt, désespéré. Où peut-elle être ? Soudain, un colibri majestueux l'arrête dans sa course. « Ta femme se trouve dans le monde d'En Haut ».

Résolu à la retrouver, le jeune homme empoigne la longue queue de l'oiseau, et le prie de le mener là-haut. Après de longues heures de vol, l'aimable colibri dépose son nouvel ami près d'un champ. Il s'approche et aperçoit sa femme. Emu, il court la retrouver. Passés les larmes et les rires, il la questionne sur les raisons de son départ ? Confuse, celle-ci lui avoue qu'elle est la fille du dieu Tonnerre. Son père, furieux de savoir sa fille partie avec un humain, l'a ramenée ici.

Et soudain, un énorme coup de tonnerre fait trembler le sol. Son père n'est pas loin ! Elle s'empresse de remettre au jeune homme un bâton d'or. « Si mon père te menace, défends-toi avec ceci », lui conseille-elle. Le tonnerre, furieux de trouver un humain dans son monde, frappe le sol avec rage. Le jeune homme, passablement inquiet, lance à son tour le bâton d'or à terre et un bruit assourdissant retentit aussitôt.

Vexé, humilié, le dieu décide de quitter ce monde et de le laisser à l'humain si présomptueux. Jamais le beau-fils et le beau-père ne se réconcilieront. Et en tendant l'oreille, pendant un orage, on peut entendre aujourd'hui comment ils se défient encore à distance : au fracas du tonnerre produit par l'homme avec son bâton d'or, répondent les coups sourds du dieu antique !

A gauche :
La forêt amazonienne abrite les amours de la fille du dieu Tonnerre.

Indiens d'Amazonie.

. . . Les Thongas du Mozambique ont une manière bien à eux de faire la police . . .

Femmes et enfants du Mozambique en 1989.

La lumière de vérité

Au sud du Mozambique, le feu est un élément sacré, et la foudre, en tant que feu du ciel, est respectée par tous. Au sein de la population bantoue des Thongas, mille et un contes mythologiques s'inspirent d'elle pour faire l'éloge du ciel…

Chez les Thongas, le ciel est défini comme une lumière, en raison de la présence du soleil et des astres. Et sa lumière, la foudre, a pour caractéristique de dévoiler la face cachée des choses : on l'appelle le « feu omniscient ».

Elle est généralement représentée sous l'apparence d'un oiseau magique multicolore, qui vit dans les montagnes. Quand l'orage éclate, l'oiseau « se précipite sur le sol, frappe un arbre sur sa route, déchire l'écorce ou le bois, ou bien il tombe sur une hutte et la brûle, ou bien, il se lance sur un homme et le tue ». Mais surtout, pour les thongas, la foudre est une aide précieuse pour identifier les voleurs.

Un vieux conte raconte ainsi comment elle a aidé un village à mettre un habitant malfaisant hors d'état de nuire… Alors que de nombreux vols sont commis, les villageois vont consulter leur magicien. Celui-ci, averti des bienfaits de la foudre, entreprend de creuser la terre à l'endroit où elle est tombée.

Le feu du ciel, ou la justice chez les Thongas.

A l'aide de cette terre, il élabore une « médecine du ciel », qui sera utilisée pour démasquer les voleurs : à l'endroit de chaque délit, le sorcier répand un peu de poudre magique sur le sol et, élevant sa canne, invoque les cieux en leur demandant de consumer les voleurs. Une fois le rituel effectué, l'oiseau magique frappe le voleur dans sa hutte et fait disparaître les objets volés !

Le ciel permet donc de confondre les voleurs ! Alors que certaines sociétés font appel aux enquêtes de police, les Thongas ont recours à la foudre, le feu « qui sait tout »…

. . . Guidés par leur intuition,

ils avançaient en aveugles

vers un horizon qu'ils

ne soupçonnaient pas.

Les pionniers de l'énergie

ont posé les bases

d'une science nouvelle.

Grâce à leurs succès

et à leurs échecs,

grâce à leur persévérance

et à leur talent,

l'électricité a été peu à peu

domestiquée . . .

1 Le temps des pionniers

• • • L'ambre jaune cache d'étranges propriétés.

Possèderait-il une âme ? • • •

En observant de l'ambre jaune, Thalès de Milet (vers 625 av. J.-C., vers 547 av. J.-C.) fait l'une des premières expériences d'électricité statique.

Le mystère de l'ambre jaune

L'histoire de l'électricité débute en Grèce au VIe siècle avant J.-C. En cette lointaine époque, Thalès de Milet, mathématicien, astronome, physicien et philosophe, découvre les propriétés, aux origines encore très mystérieuses, de l'ambre jaune…

A l'instar de plusieurs de ses contemporains, Thalès de Milet est un savant pluridisciplinaire. Platon le considère avec admiration comme un « ingénieux inventeur de techniques ». En 585 avant J.-C., la prédiction d'une éclipse de soleil lui apporte une juste renommée dans tout le monde grec. De nos jours, son théorème géométrique lui assure la postérité sur les bancs des écoles. Mais Thalès de Milet est aussi l'un des premiers observateurs du phénomène électrique…

Ainsi, consacre-t-il plusieurs de ses expériences à une matière à la fois précieuse et énigmatique, cette résine fossile dont on fait des bijoux : l'ambre. Frotté à une peau de chat, il attire à lui de petits corps légers, tels des morceaux de tissus, des brins de pailles ou des copeaux de bois. Thalès y voit là une nouvelle preuve que l'ambre, comme chaque objet, vivant ou non, possède une âme. Sans le savoir, il vient de mettre enfin en évidence l'électricité statique...

Pendant les deux mille ans qui suivent, les savants admettent son interprétation, à défaut de trouver une explication plus satisfaisante à cette manifestation. Ce n'est qu'en 1600 que l'Anglais William Gilbert, médecin de la Reine Elisabeth I^{e}, démontre que l'ambre n'est pas la seule substance capable d'attirer les corps légers.

Il baptise « electrica » les corps qui agissent de la même façon que l'ambre. Pour désigner le phénomène, la langue française hésite entre « ambricité », « ambriété » et « électricité ». Finalement, c'est ce dernier terme qui l'emporte. Une appellation somme toute logique, puisque elektron est le nom grec de l'ambre jaune !

William Gilbert (1544-1603) écrivant son traité *De arte magnetica*. Il appela « electrica » les corps capables de se charger en électricité statique.

…Rien n'échappe à Stephen Gray.
À coup sûr, l'explication est au bout du fil…

Le 2 juillet 1729, Gray et Wehler découvrent
la propagation de l'électricité le long des corps conducteurs.

De fil en aiguille

Comme chacun sait, certains matériaux conduisent le courant électrique et d'autres sont isolants. Si aujourd'hui cela relève de l'évidence, c'est loin d'être le cas au début du XVIIIe siècle. Stephen Gray en a fait l'expérience…

En 1729, Stephen Gray fait partie des nombreux scientifiques amateurs qui se passionnent pour le phénomène électrique. Ce jeune teinturier assiste des heures durant aux conférences données par le physicien Hawksbee. L'une de ses découvertes les plus fameuses porte sur la conductivité.

Ce jour-là, Gray est en train d'électriser un tube de verre en le frottant avec un morceau de tissu. Soudain, un petit duvet de plume qui voletait dans l'atelier vient se coller au bouchon de liège qui ferme le tube. Gray a une illumination : la « vertu électrique » peut se transmettre d'un objet à un autre par simple contact !

Aussitôt, le savant se met en tête de tester sa théorie. Au moyen de ficelles fixées au plafond, il suspend le long d'une galerie une corde en chanvre qu'il relie à une boule en ivoire. Mais quand il électrise le tout, aucun phénomène ne se produit. Gray décide alors de faire appel aux lumières de son ami Wehler, un physicien émérite. Ensemble, ils reprennent l'expérience, en remplaçant les bouts de ficelle par des fils de soie. Les corps légers sont immédiatement attirés…

Le lendemain, nouvelle tentative, à ceci près qu'un fil de cuivre a pris la place d'un cordon de soie. Cette fois encore rien ne se passe : le cuivre a laissé s'échapper l'électricité. C'est donc bien la nature de la soie qui permet à l'électricité de se conserver le long du chanvre ! Par conséquent, seuls les matériaux qui ne s'électrisent pas par frottement, tels que le cuivre, sont de bons conducteurs ! Et pour faire la distinction entre les corps isolants et les corps conducteurs, Gray se lance dans une série de manipulations : tous les matériaux sont testés, avant que vienne le tour, au milieu des éclats de rire, des gouttes d'eau et autres bulles de savon !

L'abbé Nollet (1700-1770) reprendra les conclusions de Stephen Gray dans ses propres expériences sur l'électricité, et notamment sur la conductibilité du corps humain.

...Une fois, c'est peut-être le hasard.
Deux fois, c'est le début d'une découverte...

Suite aux déboires d'Andreas Cuneus, le docteur Musschenbroek réitéra l'expérience de la bouteille de Leyde.

Petites expériences entre amis

Dès les années 1740, l'électricité n'est plus seulement un sujet d'expérimentation pour les universités ou les académies. Dans les salons, la mode se détourne peu à peu de la littérature pour se concentrer sur cette nouvelle distraction. Chacun réalise ses petites expériences scientifiques, bien souvent au mépris des règles de sécurité les plus élémentaires…

En 1745, un magistrat érudit de Leyde, en Hollande, Andreas Cuneus, se met en tête de vérifier l'électrisation de l'eau contenue dans un bocal, en lui transmettant des charges électriques. A cette fin, il utilise une machine rudimentaire, inventée un demi-siècle plus tôt par un physicien de Magdeburg.

Or, nul ne saurait ignorer la fameuse règle de Dufay en matière d'isolation : au cours d'une telle expérience, il faut veiller à ce que le récipient d'eau ne soit en aucun cas en contact avec le corps de l'expérimentateur. Sans quoi les effluves électriques ne manquent pas de le traverser pour rejoindre le sol… Mais Cuneus, à bout de patience et déçu de voir que rien ne se produit, saisit à pleine main le bocal, dans l'intention de se débarrasser de l'eau…

Quelques jours plus tard, il relate les faits à un de ses amis de Leyde, le docteur Van Musschenbroek. Et alors qu'il lui décrit la terrible douleur qui l'a cloué sur place tandis que son récipient se brisait au sol, Van Musschenbroek comprend aussitot l'importance de la decouverte de son ami, et décide de renouveler l'expérience.

« Tout à coup, ma main droite fut frappée avec tant de violence que j'eus tout le corps ébranlé comme d'un coup de foudre », écrira-t-il deux jours plus tard, tout juste rétabli de sa commotion… et fier d'avoir assisté à la naissance de la bouteille de Leyde, le premier condensateur électrique !

En haut :
Le Hollandais Petrus Van Musschenbroek (1692-1761) a inventé la bouteille de Leyde, le premier condensateur électrique.

Expérience de décharge d'une bouteille de Leyde.

• • • A quelle vitesse se propage l'électricité ?

Plus vite, toujours plus vite • • •

L'expérience de Lemonnier en 1746 dans le couvent des Chartreux visait à calculer la vitesse de propagation de l'électricité.

A la vitesse de la lumière

Au milieu du XVIIIe siècle, les expériences sur le choc produit par la bouteille de Leyde sont largement connues et reproduites à l'envi par des scientifiques et des amateurs. Rapidement, on en vient à s'interroger sur la vitesse de propagation de l'électricité…

Tout commence avec les fameuses expériences de l'abbé Nollet. Celui-ci, au moment de l'électrisation de dizaines de moines ou de gardes français se tenant par la main, s'étonne que la secousse soit ressentie simultanément de part et d'autre de la chaîne. Quelle est donc la vitesse à laquelle le fluide électrique se propage le long des corps qui lui servent de support ?

En 1747, Martin Folckes, Cavendish et Bevis essaient à leur tour de mesurer la vitesse de l'électricité. Ici une expérience sur la Tamise, à Londres.

Sitôt la question soulevée, des savants se mettent à l'œuvre. Parmi eux, Lemonnier, physicien peu connu, quoique membre de l'Académie des Sciences. Il débute ses travaux par deux tentatives. Il teste d'abord la propagation de l'électricité le long d'un fil métallique. Puis, il fait de même avec l'électrisation d'une grande quantité d'eau, expérience conduite sur le bassin des Tuileries.

Après ces étapes préliminaires, Lemonnier passe à la détermination de la vitesse. C'est dans les allées du couvent des Chartreux qu'il tente en 1746 de la calculer, à l'aide d'un circuit de deux kilomètres, d'un fil métallique et d'une bouteille de Leyde. Espérant mesurer l'intervalle de temps écoulé entre le contact fil-bouteille et la commotion, Lemonnier s'est muni d'un chronomètre battant la seconde.

Il reprend l'expérience une fois, deux fois, cinq fois, et toujours le même résultat : le choc semble instantané. Impossible de mesurer la vitesse du fluide ! Néanmoins, il remarque qu'« il aurait été facile d'observer un intervalle d'un quart de seconde, temps nécessaire au son pour se propager sur cette distance ». Il en conclue que la vitesse de la matière électrique est au moins trente fois supérieure à celle du son. Conclusion exacte, mais imprécise, puisque la vitesse de l'électricité est en fait… un million de fois plus grande que celle du son !

Lemonnier fut le premier à calculer une vitesse pour l'électricité : pour lui, cette vitesse était supérieure à trente fois celle du son.

. . . L'expérience s'arrête net au sixième enfant. Conclusion : c'est un cas isolé . . .

Expérience de l'abbé Nollet sur la conductibilité électrique du corps humain. Joseph-Aignan Sigaud de Lafond (1730-1810) émet à la même époque ses propres conclusions dans ce domaine.

Le chœur sur la main

Isolement, mise en terre, autant de notions qui constituent aujourd'hui la base de l'utilisation de l'électricité. Pourtant, ce n'est qu'à force de raisonnements longs et difficiles qu'elles ont pu être comprises. Le cas du professeur Sigaud de Lafond illustre parfaitement ce nécessaire cheminement…

Un jour de 1748, Sigaud de Lafond décrit à sa classe les merveilleux phénomènes produits par la bouteille de Leyde. En guise de travaux pratiques, il conduit ses élèves dans la cour de l'école et leur demande de se donner la main, pour procéder à l'électrisation. Pendant l'expérience, la secousse semble mystérieusement n'atteindre que les cinq premiers élèves sur la vingtaine présente. Lafond reste perplexe. Pourquoi le choc s'arrête-t-il au sixième garçon ?

C'est alors que les autres élèves prennent leur camarade à parti. Leur principal reproche ? Son aspect et ses manières efféminés, qui auraient fait rater toute l'expérience… Le professeur, n'émettant pas d'autre hypothèse, consigne cette observation dans son carnet et s'empresse d'en faire part à ses confrères.

Quelques jours plus tard, il est tiré du lit par son ami le duc de Chartres, cousin du Roi Louis XV. Cet amoureux des sciences a l'intention de l'aider dans ses recherches, et lui propose, à cet effet, de mener des expériences sur trois des chanteurs qu'il a engagés dans sa compagnie, trois castrats de la Chapelle Sixtine…

L'ensemble est aussitôt convoqué, chœur et orchestre compris. Main dans la main, ils sont électrisés. Au grand étonnement de tous, la secousse traverse toute la chaîne, sans s'arrêter aux trois chanteurs. Tout est à recommencer, pense alors le professeur.

Subitement, un souvenir lui revient : dans la cour, le jour de l'expérience malheureuse, le sol était détrempé. Et le cinquième élève avait les pieds dans une flaque… Ça y est ! Sigaud de Lafond a compris ! Le garçon a simplement dérivé le courant électrique à la terre. Moins farfelu que la première conclusion du professeur, mais tellement plus scientifique…

Un appareil à électrisation automatique du boulevard Sébastopol à Paris. A la fin du XIXe siècle, l'électricité reste un jeu…

...Pour étudier la foudre, Franklin s'amuse avec un cerf-volant. Le succès est à la clef...

Un jour d'orage de juin 175 Benjamin Frank (1706-1790) fait voler cerf-volant. Une clef fixée son extrémité lui permett de vérifier ses hypothès sur la foud

L'éclair de génie de Benjamin Franklin

Si aujourd'hui Benjamin Franklin est célèbre, c'est essentiellement grâce au rôle actif qu'il a joué en France dans l'indépendance des colonies britanniques d'Amérique. Mais, au XVIIIe siècle, son nom reste avant tout associé à son invention la plus célèbre : le paratonnerre.

Habile diplomate et écrivain de génie, Benjamin Franklin s'adonne aussi à l'expérimentation scientifique. Il est ainsi séduit par les travaux réalisés sur l'électricité par les savants européens. Mais à la différence de ces derniers, qui s'en tiennent souvent à la théorie, Franklin cherche des applications pratiques à ses études. Pendant quelque temps, il tente d'utiliser le phénomène électrique au service de la médecine. Il obtient quelques résultats, mais ses patients renoncent tous à continuer le traitement au-delà de cinq jours.

A cette occasion, il fait cependant une constatation essentielle : la force électrique ressemble beaucoup à cet autre phénomène inexpliqué qu'est la foudre. Si son hypothèse s'avère exacte, il suffira à Franklin de disposer de longues tiges métalliques dans les endroits les plus élevés des cités pour capter cette énergie mystérieuse…

La ville de Philadelphie, où réside Franklin, ne dispose pas d'édifice suffisamment haut pour la vérifier. Il confectionne donc un cerf-volant avec deux branches de cèdre et un mouchoir en soie. Puis, il y fixe une pointe de fer et accroche le tout à un cordon de chanvre, au bout duquel il noue une clé. Un jour d'orage en juin 1752, il fait voler sa création. Au premier éclair, il a le réflexe de lâcher la clé qu'il tenait fermement. Bien lui en a pris, car le chanvre, humidifié par la pluie, était devenu conducteur ! Les étincelles qui jaillissent de la clé confirment son intuition.

Dès lors, toutes les capitales s'équipent de gigantesques tiges de fer, appelées « paratonnerres ». Louis XV écrit en personne à Franklin pour le remercier de cette formidable découverte. Sous son portrait peint par Fragonard, est ajoutée une formule de Turgot : « *Eripuit Coelo Fulmen, Sceptrumque Tirannis* », « Il a arraché la foudre au ciel et le sceptre aux tyrans »…

Diplomate et écrivain, Benjamin Franklin s'adonnait à des expériences scientifiques. Il est l'inventeur du paratonnerre.

L'abbé Nollet administre une décharge électrique aux religieux d'un couvent de chartreux.

Les corps à corps de l'abbé Nollet

Dans la France des Lumières, l'abbé Nollet est considéré comme un brillant précurseur des études sur l'électricité. Sa renommée provient essentiellement de ses expériences publiques sur la circulation de cette énergie au travers des « matériaux » les plus inattendus...

L'abbé Nollet multiplie les expériences...

Au XVIIIe siècle, l'électricité est davantage perçue comme une curiosité que comme un véritable phénomène scientifique. Les savants ont pris l'habitude de réaliser leurs expériences dans les salons, devant quelques spectateurs, et parfois même en pleine rue, sous le regard amusé des passants...

Les principales interrogations portent alors sur la nature et la circulation de cet étrange phénomène. L'abbé Nollet espère apporter des éléments de réponse. Il émet l'hypothèse que l'électricité passe dans le corps humain grâce aux minuscules pores de la peau. Ensuite, elle profite des espaces vides, en particulier ceux par où transite l'air, pour se mouvoir dans l'ensemble de l'organisme...

Pour illustrer sa théorie, l'abbé imagine une expérience. Prié par Louis XV de faire une démonstration des prodiges électriques, il se rend au château de Versailles. Dans la galerie des Glaces, devant la cour au grand complet, il fait aligner cent quarante-huit gardes qui ont reçu l'ordre de se tenir par la main, les deux extrêmes étant alors reliés à une source d'électricité. Lorsque la charge est déclenchée, les cent quarante-huit gardes sursautent, tous en même temps ! Très amusé, le roi, la cour, ne se lassent pas du spectacle. Et les malheureux d'être électrisés, encore plusieurs fois, pour le plus grand plaisir de Sa Majesté...

Devant un tel succès, l'exhibition est reprise à Paris. Cette fois, Nollet aligne des moines chartreux raccordés les uns aux autres par un bout de fil de fer. Comme les gardes de Versailles, ceux-ci tressaillent tous en même temps quand passe le courant. « Les exclamations de surprise sont simultanées, note l'abbé émerveillé, alors même qu'elles jaillissent de deux cents bouches ! » La preuve est faite que l'électricité transite par les pores de la peau, et qu'elle circule très vite...

L'abbé Nollet (1700-1770) est l'un des plus brillants précurseurs des études sur l'électricité.

• • • Trois bouts de ficelle et un soupçon d'idée. « Monsieur Charles » a plus d'un tour dans son sac • • •

Cours de physique de l'abbé Nollet au collège de Navarre, en 1754.
Quelques années plus tard, Jacques Charles (1746-1823) sera l'un de ses plus fervents auditeurs.

Un professeur survolté

Alors qu'à la fin du XVIIIe siècle, la science électrique n'en est encore qu'à ses balbutiements, certains s'interrogent déjà : doit-on laisser le savoir entre les mains de chercheurs avisés, ou faut-il diffuser les connaissances au plus grand nombre ?

Jacques Charles naît en 1746. Malgré de brillantes études, il n'obtient qu'un modeste emploi administratif. A cette époque, l'électricité passionne les foules, puisque certains physiciens tiennent des conférences publiques, au cours desquelles ils exposent les propriétés du fluide mystérieux, ainsi que les expériences usuelles.

Le jeune homme se laisse vite gagner par cette mode et devient rapidement un auditeur assidu des colloques scientifiques tenus par l'abbé Nollet, ou encore Benjamin Franklin. Sitôt sa journée de travail terminée, il a l'habitude d'aller écouter un cours, ou d'assister à une expérience. Il multiplie les lectures savantes, et la physique n'a bientôt plus aucun secret pour lui. Il n'hésite plus, désormais, à reproduire des expériences électriques dans un laboratoire qu'il a aménagé dans sa propre chambre !

En 1770, Jacques Charles perd son travail. Lui vient alors l'idée de profiter de l'engouement du public pour les sciences et d'organiser des cours de physique. Il loue donc, non loin du Palais-Royal, un vaste local, qu'il équipe du matériel nécessaire à ses expériences. Contre toute attente, son affaire se révèle extrêmement prospère : les élèves affluent aux leçons de « Monsieur Charles »…

Professeur de talent, il est unanimement reconnu comme un excellent médiateur entre les scientifiques et le grand public. Mais c'est en 1776 que survient sa véritable consécration… L'illustre Benjamin Franklin, ayant entendu parler de lui, insiste pour assister à un de ses cours. Et de déclarer au Français, à l'issue de la séance : « Jeune homme, la nature semble vous obéir. Puissiez-vous l'asservir pour le bonheur de l'humanité » !

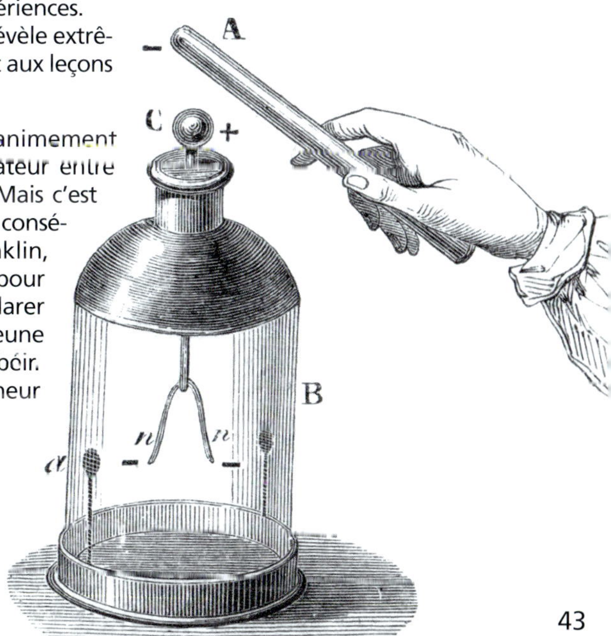

L'un des premiers électroscopes, instrument permettant de déceler les charges électriques et d'en déterminer le signe.

...La grenouille est bien morte, et pourtant elle bouge encore ! Un coup de scalpel magique ?...

Grand rival d'Alexandre Volta (1745-1827), Luigi Galvani (1737-1798) est l'un des pionniers des études sur l'électricité.

A droit
En préparant d
grenouilles mortes po
une dissection, Lucia
Luigi Galvani découvre
un lien entre le systèr
nerveux et l'électrici

Grenouilles à l'italienne

Il n'est pas exagéré de dire qu'en 1780, la science de l'électricité est dans une impasse. Les expériences les plus diverses se multiplient, mais personne ne parvient à donner une explication satisfaisante au phénomène. Grâce à son talent, et grâce au hasard, Luigi Galvani lui donne bientôt un nouvel élan…

Luigi Galvani est professeur d'anatomie à l'Université de Bologne. Curieux de nature, il se passionne pour cet étrange et nouveau phénomène, l'électricité. Régulièrement, après ses cours, il tente avec ses élèves toutes sortes d'expériences sur le mystérieux fluide…

Un jour, comme tant d'autres, Luigi est dans son laboratoire en compagnie de Lucia, son épouse. Ensemble, ils préparent les grenouilles que le professeur et ses élèves disséqueront le lendemain. Soudain, Lucia constate avec stupeur que les pattes du batracien qu'elle est en train de manipuler, se contractent dès qu'elle les touche de son scalpel. Alors-même que l'animal est mort !

Intriguée, elle réitère son geste. Même chose. Ravie de sa découverte, elle appelle son mari, qui essaie des variantes, n'y comprend rien, et finit par se rendre compte de la présence d'un appareil électrique dans la pièce… Y aurait-il là un lien ?

Il constate en effet que les contractions du batracien augmentent, à mesure qu'on le rapproche de la machine. Le contact direct entraîne, sans grande surprise, une contraction violente. Mais, plus étonnant : les mêmes réactions se produisent sans l'intervention de l'engin, donc sans source d'électricité !

A force de répéter l'expérience, Galvani aboutit à cette conclusion : pour exciter les pattes de la grenouille, nul besoin d'une source extérieure d'électricité. Les muscles des animaux sont en réalité comme des bouteilles de Leyde, et les tissus génèrent une électricité animale. Il suffit alors de relier le muscle au nerf, pour voir la « bouteille de Leyde » du muscle se décharger en provoquant des contractions. La théorie de Galvani pose, avec deux cent ans d'avance, la base de la biologie moderne !

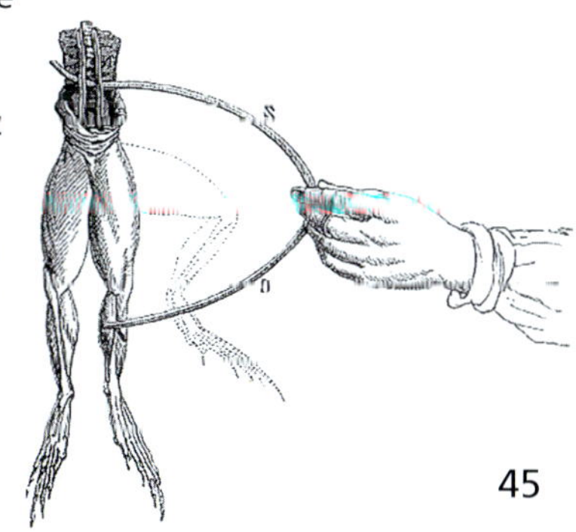

Expérience de stimulation électrique sur les cuisses d'une grenouille morte.

...Volta est un merveilleux orateur. Napoléon lui-même en convient...

Alexandre Volta fut, au XVIIIe siècle, l'un des plus importants chercheurs de son temps.

Le Premier consul Bonaparte assiste avec enthousiasm à une démonstrati des expériences électriques d'Alexandre Volta

Bonaparte, l'ami de la science

Inventeur contemporain et rival de Luigi Galvani, Alexandre Volta aide l'électricité à franchir une étape décisive, notamment avec sa découverte de la pile électrique. Son succès est tel qu'il lui attire les plus hautes récompenses…

En mars 1800, Alexandre Volta écrit une lettre à la Royal Society de Londres. Il annonce qu'il vient de mettre au point un nouvel « appareil électro-moteur », un empilement de disques conducteurs constitués de différents métaux. Cette « pile » délivre des courants stables et de forte intensité.

Quelques mois plus tard, le physicien se rend en France, avec l'intention de présenter sa découverte à l'Institut des Sciences. Trois séances sont programmées, les 16, 18 et 20 Brumaire de l'an IX. Bonaparte, Premier consul depuis un an, entend parler des conférences et annonce qu'il assistera à celle du 18.

Alexandre Volta est un scientifique rigoureux. Il a donc préparé avec soin ses interventions, et une fois devant son auditoire, il le subjugue avec ses démonstrations. Il commence par exposer son électroscope à condensateur, puis une pile de cent éléments, et provoque enfin la décomposition de l'eau…

Bonaparte est fasciné : devant ses yeux, Alexandre Volta a discrédité, en quelques minutes, toutes les théories de son compatriote et illustre adversaire Luigi Galvani. A la fin de la séance, il l'interpelle et lui apprend que l'Institut lui décerne sans attendre une médaille d'or. Et le généreux Premier consul ne s'arrête pas là… En même temps que sa médaille, Volta reçoit une somme de six mille francs, don de Bonaparte, prélevé sur ses fonds personnels !

Enthousiasmé par les découvertes de Volta, le Premier consul devenu Empereur lui décerne en 1805 la croix de la Légion d'honneur et celle de la Couronne de Fer, avant d'élever le brillant physicien au rang de comte et de sénateur du royaume de Lombardie ! Rarement chercheur aura connu un tel succès auprès de ses contemporains…

La pile électrique d'Alexandre Volta.

• • • Ampère et Arago, le disciple et le maître, unis par leur passion. Quand le courant passe • • •

André-Marie Ampère (1775-1836) et François Arago (1786-1853) cherchèrent ensemble à percer les secrets du comportement des aimants.

Les deux font l'Ampère

En 1820, André-Marie Ampère a quarante-cinq ans. S'il a consacré la majeure partie de sa vie aux sciences naturelles, aux mathématiques et à la chimie, c'est en physique qu'il laissera définitivement son empreinte. Car, en quelques semaines, il imagine l'électroaimant, dont dériveront bientôt le téléphone, le télégraphe et le moteur électrique…

C'est dans un cours donné par François Arago qu'Ampère découvre les expériences novatrices du savant danois Christian Oersted. Celui-ci a compris très tôt que le passage du courant électrique dans un fil crée un champ magnétique identique à celui créé par un aimant. Ampère veut désormais percer à jour les causes d'un tel phénomène.

A force de réflexion, il aboutit à une question inédite : « Le courant électrique agit comme un aimant. Mais si, au lieu de mettre en contact deux aimants, on met en contact deux courants électriques, comment se comporteront-ils ? » Ampère monte donc une nouvelle expérience : il délivre un courant électrique à travers deux fils de cuivre. Dans le même sens d'abord, et les deux conducteurs s'attirent ; puis en sens contraire, et ils se repoussent.

André Marie Ampère a consacré la fin de sa vie à l'étude des phénomènes électriques et magnétiques.

Arago lui suggère ensuite de vérifier si le courant électrique peut agir comme un aimant. Les deux savants entreprennent alors d'enrouler un fil de cuivre autour d'une aiguille d'acier. Lorsque Ampère lance le courant dans le bobinage, il s'aperçoit avec stupeur que l'aiguille d'acier se trouve aussitôt aimantée, et… le reste en permanence ! Ampère et Arago ont mis au point l'électroaimant, autrement dit, l'aimant temporaire réglable à volonté.

Enthousiasmé par sa découverte, Ampère se charge de la faire partager au monde scientifique. Ainsi, entre la date de sa découverte - en septembre 1820 - et le mois de janvier 1821, sont programmées pas moins de seize séances à l'Académie des Sciences. Douze d'entre elles sont monopolisées par l'inventeur, qui ne se lasse pas d'exposer ses trouvailles à la Classe des Sciences mathématiques et physiques !

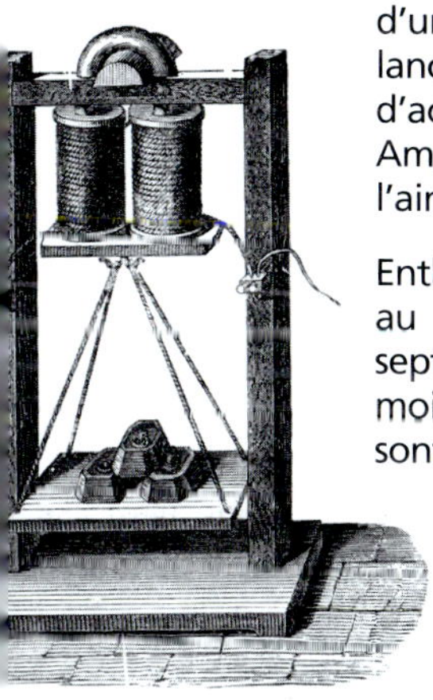

L'invention d'Ampère : un électroaimant avec sa charge.

...C'est une jeune couturière presque comme les autres. Signe distinctif : la nature lui obéit...

Au XIXe siècle, l'électromagnétisme commence à être utilisé pour le traitement du corps humain. Dans le cas d'Angélique Cottin, c'est le corps humain qui utilise l'électromagnétisme.

Une fille pas ordinaire

Au moment où les Parisiens se passionnent pour la bouteille de Leyde et autres expériences relatives à l'électricité, les savants s'interrogent de plus en plus sur les vertus du magnétisme. L'histoire fascinante d'Angélique Cottin a de quoi les occuper sérieusement…

Nous sommes en 1846. Angélique Cottin a quatorze ans. Elle habite le village de Bouvigny, dans l'Orne. Le 15 janvier, Angélique est occupée à sa tâche habituelle : le tissage de gants de soie avec trois de ses compagnes. Il est huit heures du soir, quand… le guéridon en chêne vient à s'agiter et à se déplacer ! D'abord effrayées, les filles finissent par réfréner leurs cris de panique et se remettent au travail. Mais dès qu'Angélique reprend la trame du tissu, le guéridon s'agite de nouveau, est violemment repoussé et même renversé !

Force est de constater que ces phénomènes étranges ne se produisent qu'en présence de celle que l'on surnomme déjà la « fille électrique ». Angélique est aussitôt mise à l'écart : on la pense possédée par le diable… Mais le curé du village, homme de science et de bon sens, refuse de l'exorciser, car il s'agit là d'une maladie physique, et non d'un quelconque envoûtement.

A présent, c'est toute une horde de médecins qui se précipite chez les Cottin, afin d'assister aux manifestations magnétiques de la jeune fille. Ainsi, on raconte que « par le contact fortuit de ses vêtements, les pelles et pincettes sont renversées dans l'âtre et les tisons éparpillés », ou que « lorsqu'elle plonge la main dans un panier de haricots secs, tous les haricots se mettent à sautiller et à se mettre en transe ».

Désireux de tirer profit de cette manne mystérieuse, les parents d'Angélique décident alors d'exposer leur fille à la curiosité publique, en voyageant de ville en ville. Grand mal leur en prend, puisque les phénomènes électriques déclinent sensiblement, jusqu'à disparaître totalement…

Démonstration populaire de l'expérience du « carreau magique ».

...Pour quelques pièces de monnaie, un homme pauvrement vêtu montre son invention aux passants. L'une des plus importantes du siècle...

Central Park, New York. Le soir, au début du XIXe siècle, les promeneurs pouvaient y croiser Heinrich Göbel présentant l'une des premières lampes électriques.

Le savant de Central Park

L'inventeur de la lampe à incandescence ? Thomas Alva Edison, bien sûr ! Et pourtant, la réponse n'est pas si évidente que cela : d'autres chercheurs se sont penchés sur la question, bien avant le savant de Menlo Park. Parmi eux, un certain Heinrich Göbel…

Né en 1818 à Springe am Deister, en Allemagne, l'ingénieur Heinrich Göbel a trente ans lorsqu'il débarque sur le sol américain. Très vite, il décide d'ouvrir un magasin de montres et d'horlogerie dans une petite rue de New York. Grâce à son sens du commerce hors-pair, son affaire devient rapidement florissante, à tel point qu'il a bientôt du temps libre pour vaquer à ses expériences…

Un électricien ambulant de la foire de la Villette, à Paris (fin du XIXe siècle).

Car Göbel, comme beaucoup d'autres savants à cette époque, se passionne pour les travaux engagés autour de celle qu'on appelle déjà la « Fée » électricité… Il emploie ainsi son temps libre à produire de l'électricité à l'aide de piles. Pas toujours avec succès d'ailleurs, au vu des régulières visites des pompiers, alertés par des voisins effrayés devant « la maison aux étincelles »…

Néanmoins, Heinrich poursuit ses recherches avec obstination. Et bientôt, il s'aperçoit que des fibres de bambou peuvent donner un filament conducteur de l'électricité, et qu'il est possible de le rendre incandescent dans un milieu vide d'air ! Voilà donc Göbel qui tente de réaliser, sans le savoir, la première lampe à incandescence. Avec les moyens du bord : pour le bambou, il utilise sa propre canne, et en guise d'ampoules, donc de milieu vide d'air, ses propres bouteilles d'eau de Cologne !

Göbel, convaincu de la valeur de sa découverte, tente alors de soumettre son invention aux industriels. Peine perdue ! La lampe ne fonctionnant qu'avec des piles, elle est bien trop chère pour être exploitée. Certainement en avance sur son temps, l'ingénieur fait tout de même profiter la population new-yorkaise de sa découverte : chaque soir, à la tombée de la nuit, il parcourt les rues et Central Park avec une charrette éclairée avec ses lampes pour attirer les passants… et leur faire partager la magie de l'électricité !

●●● Aveugle aux honneurs, sourd aux louanges, Zénobe Gramme est un homme modeste ●●●

Zénobe Gramme (1826-1901), théoricien de l'induction, a fait de nombreuses expériences de production d'électricité.

Gramme, un sommeil de plomb

La dynamo de Gramme est une invention capitale dans l'histoire de l'énergie. Sans elle, l'homme continuerait peut-être à utiliser la vapeur ou le charbon pour faire fonctionner ses machines ! Elle ne tourne pas la tête de son créateur pour autant. Au contraire…

Contre toute attente, l'inventeur belge Zénobe Gramme n'est ni un ingénieur, ni un scientifique. Curieux de tout, il suit des cours du soir à Liège, avant de s'installer à Paris en 1856. Sur place, il exerce le métier de menuisier et construit des rampes d'escalier.

Un jour qu'il travaille dans les ateliers Christofle, orfèvrerie spécialisée dans la galvanoplastie - une technique de dorure par électrolyse - il se met à réfléchir sur les propriétés de l'électricité. Aussitôt rentré, il se lance dans une série d'expériences destinées à produire de l'énergie électrique sans intervention chimique.

Le 17 juillet 1871, après plusieurs années d'essais infructueux, il présente enfin le résultat de son labeur à l'Académie des sciences. Il s'agit du premier générateur capable de transformer le travail mécanique en énergie électrique, autrement dit, le premier moteur producteur d'électricité. Son nom : l'anneau de Gramme.

Malgré son succès, Gramme reste modeste. Il n'oublie pas qu'il doit tout à son sens aigu de l'observation, et non à ses qualités de savant. Il semble même surpris, quand on trouve un raisonnement mathématique à sa démarche. Surpris, voire même ennuyé…

Ainsi, lors d'une présentation publique de son appareil à l'Exposition Internationale d'Electricité de Paris, en 1881, l'homme tourne en rond, s'impatiente, s'assoit et finit par… s'endormir ! Réveillé en sursaut, il regarde le tableau noir, couvert d'inscriptions incompréhensibles, avant de soupirer à haute voix : « Je n'aurais jamais inventé ma machine s'il avait fallu m'embarrasser de tous ces portemanteaux ! »

Zénobe Gramme, inventeur de la première dynamo à courant continu de l'histoire.

• • • C'est une Exposition universelle, un événement mondial. Mais attention à la précipitation • • •

A la suite d'une mauvaise manipulation, l'électricité d'une dynamo a fait jaillir l'eau d'une fontaine à l'Exposition universelle de Vienne en 1873. La même expérience est réalisée ici à Munich.

Dynamos en cascade

Souvent, dans l'histoire des inventions, des erreurs de manipulation engendrent le développement de techniques nouvelles. En 1873, lors de l'Exposition universelle de Vienne, en Autriche, un heureux hasard donne lieu à une importante découverte…

En 1871, l'inventeur belge Zenobe Gramme construit la première dynamo à courant continu. Heureux de cette belle découverte, il vient la présenter deux ans plus tard, à l'Exposition universelle de Vienne. Il ne se doute pas alors que ce voyage va lui réserver une jolie surprise…

A cette époque, on sait déjà qu'une dynamo, lorsqu'elle reçoit du courant, au lieu d'en produire, se met à fonctionner comme un moteur. En revanche, on n'imagine pas que l'électricité motrice peut avoir une autre origine que la pile.

Lors de cette exposition de Vienne, les badauds se promènent tranquillement dans les allées, observant les dernières innovations. Dans les coulisses, les techniciens s'agitent afin que l'exposition soit une grande réussite. L'un d'entre eux, sans doute un peu trop nerveux, commet une erreur. Une dynamo servant de moteur à la pompe d'une fontaine est raccordée, non pas à une pile, mais à une autre dynamo !

Dans un premier temps, le fautif ne s'aperçoit pas de sa méprise. Puis, à quelques mètres de là, l'improbable se produit : de l'eau jaillit violemment d'une fontaine éteinte et qui devait le rester ! L'assistance, qui ne s'y attendait pas, est abondamment arrosée.

Heureusement, l'explication est bientôt trouvée. En mettant en marche le moteur d'entraînement d'une fontaine, l'autre a démarré. Pour la première fois, une dynamo productrice d'électricité fait tourner à une centaine de mètres de distance une dynamo moteur ! Cette découverte fortuite préfigure le transport de l'énergie sur grandes distances.

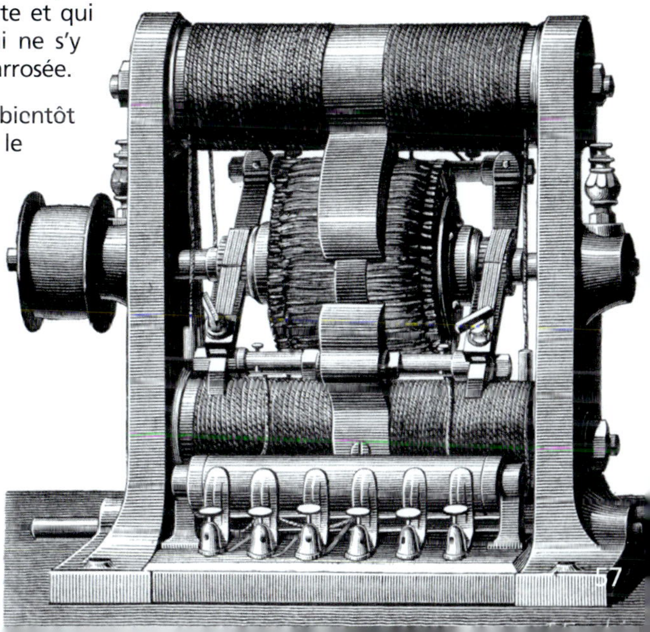

Une machine Gramme à électroaimant.

• • • Certains croient à une manifestation divine. Birkeland prend la place des dieux • • •

L'aurore boréale, visible aux pôles, est l'un des phénomènes magnétiques terrestres les plus beaux et les plus mystérieux.

Birkeland, dès l'aurore…

Phénomène naturel fréquent dans les régions polaires, l'aurore boréale a toujours fasciné les hommes. Quatre siècles avant J.-C., le philosophe grec Aristote s'interroge déjà à son sujet. Il faut attendre la fin du XIXe siècle pour qu'une interprétation plausible voie enfin le jour…

Depuis la nuit des temps, l'aurore boréale fait l'objet de multiples superstitions. Tour à tour perçue comme un présage funeste ou comme une trace de la présence divine, elle provoque aussi de nombreux débats scientifiques. Rien qu'au XIXe siècle, on peut dénombrer plus de vingt-cinq explications différentes de cette manifestation !

En 1895, la communauté scientifique toute entière est captivée par les récentes avancées en matière d'électricité. De son côté, le chimiste norvégien Kristian Olaf Birkeland se passionne surtout pour l'électromagnétisme. Cet ancien élève de Henri Poincaré et de Heinrich Hertz y devine en effet les principes de l'aurore boréale. Pour vérifier son hypothèse, il décide donc de monter l'expérience un peu extravagante de la « Terrella »…

« Terrella » ? C'est un mot latin qui signifie « la petite terre ». Car l'intention du savant, aussi surprenante soit-elle, est de reproduire, à une échelle réduite, une partie du système solaire ! Dans son laboratoire, il installe une boîte de verre de deux mètres de côté, dans laquelle le vide a préalablement été fait. Voilà qui servira d'espace. Puis, il y place une grande sphère magnétisée, pour représenter le globe terrestre.

Il ne reste plus qu'à simuler l'aurore boréale. Pour ce faire, Birkeland envoie, d'un émetteur disposé à la place du soleil, une décharge électrique sur la Terre. Et là, surprise ! Conformément à son intuition, le courant contourne la sphère protégée par le champ magnétique, avant de former à chacun des pôles deux magnifiques aurores bien distinctes !

L'astronome français Henri Poincaré (1854-1912) fut l'un des professeurs de Kristian Olaf Birkeland (1867-1917).

• • • Röntgen approche la main, tend le bras, et soudain devient livide : il a devant les yeux l'image d'un squelette ! • • •

La découverte des rayons X par Wilhelm Conrad Röntgen en novembre 1895 ouvre la voie à la radiographie humaine.

Des rayons à toute épreuve

Novembre 1895. Alors que l'électricité devient peu à peu une des sources principales d'énergie, un savant allemand, Wilhelm Conrad Röntgen, découvre les rayons X. Pour la grande joie de ses contemporains, ravis et médusés devant cette curieuse invention !

Le 8 novembre 1895, comme à l'accoutumée, le physicien allemand Röntgen se livre, à l'aide d'un « tube de Crookes », à des expériences sur la production de rayons cathodiques, porteurs d'électricité. Curieux de voir ce qu'il arrive dans l'obscurité, le voilà qui tire les rideaux… C'est alors qu'il observe qu'un écran composé d'un dérivé du baryum, posé à côté du tube, devient fluorescent !

Attiré par la lumière, il approche sa main, puis son bras… Et là, stupeur ! En plaçant sa main entre le tube chargé de rayons cathodiques et l'écran fluorescent, il voit ses os apparaître clairement sous la peau ! C'est ainsi que naît la radiographie…

La diffusion de la nouvelle invention est rapide : en quelques mois, la fascination pour ces rayons baptisés X, d'après le nom de l'inconnue en mathématiques, prend des proportions démesurées… A New York, il n'est pas un journal qui ne s'émerveille des possibilités offertes par les nouveaux rayons, à l'instar du New York Times du 8 janvier 1896, qui titre « Radiographie : révélation de solides cachés ! »

Amusés par cette découverte peu commune, les journaux populaires décident de tirer parti de l'intérêt du public pour les rayons X… Ils publient régulièrement des clichés de pieds dans des bottines, de pièces de monnaie dans des tirelires en bois ou de jolies filles en corset… La radiographie, rebaptisée par certains « la nouvelle photographie », donne même des idées aux publicitaires : on peut ainsi voir des réclames pour des sous-vêtements en plomb, protégeant les dames des regards de voyeurs équipés de rayons X !

En haut :
Une application concrète des rayons X :
la détection de marchandises prohibées par la douane.

e docteur Wilhelm Conrad Röntgen (1845-1923), inventeur des rayons X.

• • • Les rayons X sont un mystère. Becquerel ouvre son tiroir, et la lumière jaillit • • •

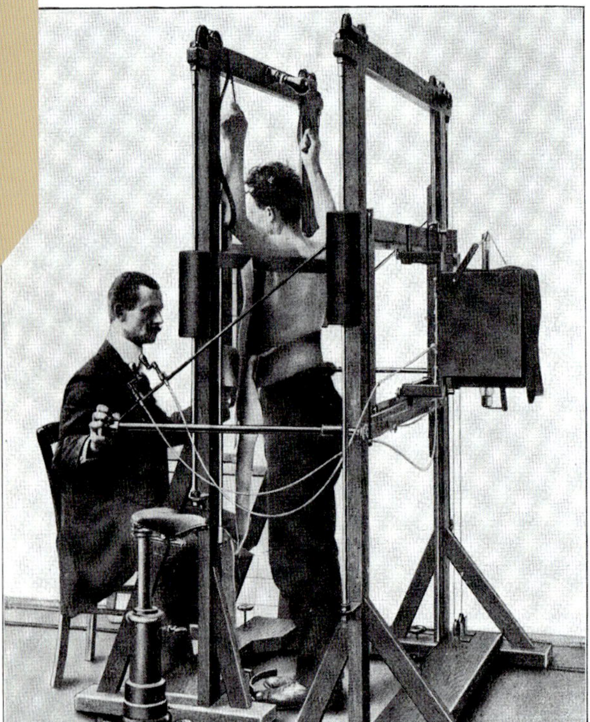

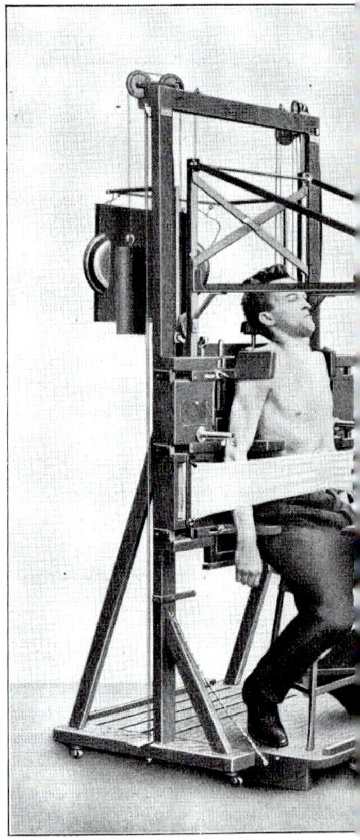

Les rayons X, utilisés en radiographie, ont inspiré les recherches sur la radioactivité d'Henri Becquerel.

Tiroir, mon beau tiroir…

26 février 1896 : le ciel de Paris, couvert, ne laisse pas passer un seul rayon de soleil, et le physicien Henri Becquerel peste de ne pouvoir mener une nouvelle expérience sur la radioactivité… Et pourtant, ce jour-là, c'est ce ciel menaçant qui va lui apporter la réponse qu'il attend impatiemment !

En 1895, Becquerel reste stupéfait par un Allemand, Röntgen, qui étonne le monde en découvrant les rayons X. Au cours de multiples réunions, Röntgen apprend aux savants que les rayons X sont produits par une cible frappée par un faisceau de rayons lumineux. Et au même moment, la cible devient phosphorescente… Ces rayons impressionnent les pellicules photographiques et révèlent, par exemple, toute l'ossature d'un corps humain. Ce sont eux qui permettront le développement de la radiographie.

Il n'en faut pas plus pour piquer au vif la curiosité de Becquerel. Si les rayons X sont liés à la lumière, pourquoi ne pas se servir de la lumière solaire pour en créer ? Le savant a donc l'idée de produire les mêmes rayons X, mais avec des cristaux phosphorescents simplement placés au soleil.

L'expérience peut alors débuter : dès que le ciel de ce mois de février le permet, Becquerel enveloppe une plaque photographique ordinaire d'un papier noir opaque, et dépose au-dessus des cristaux de sel d'uranium. Il met l'ensemble au soleil et, après plusieurs heures d'exposition, développe la plaque. Miracle ! Celle-ci révèle une image radiographique des cristaux !

Mais il lui faut répéter plusieurs fois l'expérience, et les beaux jours se font rares. Le 26 février 1896, Becquerel est déçu de ne pouvoir placer sa plaque au soleil. Découragé, il la range, sous les cristaux, dans un tiroir. Quand, quatre jours plus tard, le soleil revient, Becquerel, porté par son intuition, décide de développer la vieille plaque, à tout hasard.

Quelle n'est pas sa surprise quand il obtient, après révélation, une image des cristaux infiniment plus intense que d'habitude ! Le soleil et la phosphorescence n'y sont donc pour rien, c'est l'uranium qui actionne le rayonnement ! A son insu, la grande aventure atomique vient de commencer…

Henri Becquerel (1788-1878) est l'un des précurseurs des études sur la radioactivité.

... Edison est un héros national, une véritable légende. Mais personne n'est immortel...

Thomas Alva Edison (1847-1931) devant l'une de ses inventions : le phonographe.

Edison, héros populaire

Dans les années 1920, Thomas Alva Edison est un véritable héros des Etats-Unis, acclamé à la fois par la communauté scientifique et par la population américaine. Aussi, quand une telle légende s'éteint, c'est toute une nation qui le pleure…

Après une carrière de soixante ans, riche en inventions de toutes sortes, Edison refuse d'envisager l'inactivité. Quand un journaliste a l'audace d'évoquer avec lui la date de sa retraite, il rétorque : « La veille de mon enterrement ! » Et pas question de chômer, même s'il a accepté, peu de temps auparavant, de « réduire » sa journée de travail à seize heures ! Il s'intéresse de près à l'énergie atomique et à l'éther. Il devient plus que jamais, par son acharnement et son optimisme permanent, le héros sympathique de l'Amérique des années de crise.

Des millions de messages de sympathie parviennent à la maison d'Edison, à Menlo Park, dès l'annonce de sa mort le 18 octobre 1931.

Le 21 octobre 1929, on célèbre le cinquantième anniversaire de la lampe à incandescence. Dans le New Jersey, d'où Edison est originaire, un musée expose une reproduction du laboratoire de Menlo Park. La Poste émet également un timbre commémoratif. Le Président Hoover rend même visite à l'inventeur, alors que le pays tout entier prépare un sublime hommage : d'un bout à l'autre du continent, les gens ont baissé leurs lumières, et à 20 heures, les rallument d'un seul coup !

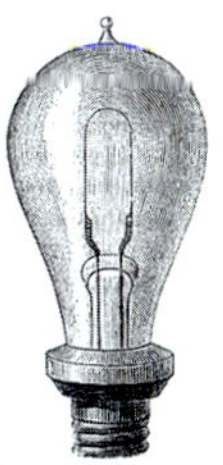

Lampe à fil simple donnant une intensité lumineuse de 8 bougies.

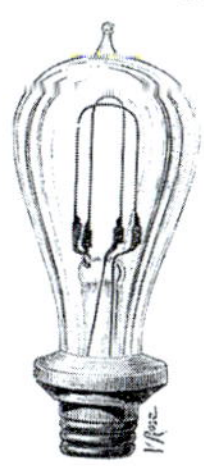

Lampe double fil en croix, de [illegible] bougies.

Pourtant, cette heureuse manifestation laisse Edison malade et fatigué. Sa santé décline au fil des mois. Il s'éteint finalement le 18 octobre 1931. Les messages d'amitié affluent par millions, et les autorités décident de rendre un nouvel hommage au génie. Cette fois, le président Hoover donne l'ordre d'éteindre les lumières une minute, le jour de l'enterrement.

Ainsi, trois jours plus tard, à 6h59 en Californie - soit 9h59 à New York - toutes les lumières s'éteignent, les tramways s'arrêtent, et même la torche de la Statue de la Liberté cesse de briller. Triste et reconnaissante, l'Amérique retourne une minute au temps de la lampe à pétrole, avant de retrouver aussitôt l'incandescence domptée par Edison…

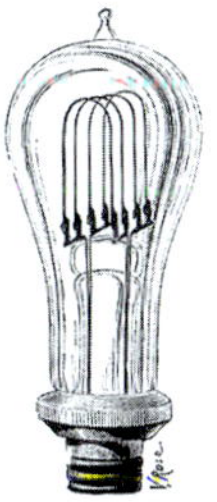

Lampe à quatre filaments parallèles, de 32 bougies.

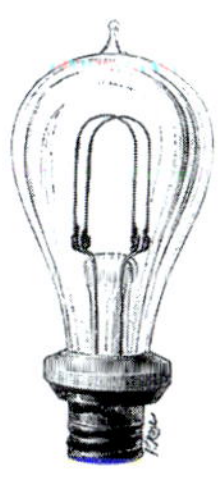

Lampe à fils doubles parallèles, de 16 bougies.

La lampe à incandescence reste la plus prestigieuse des inventions d'Edison.

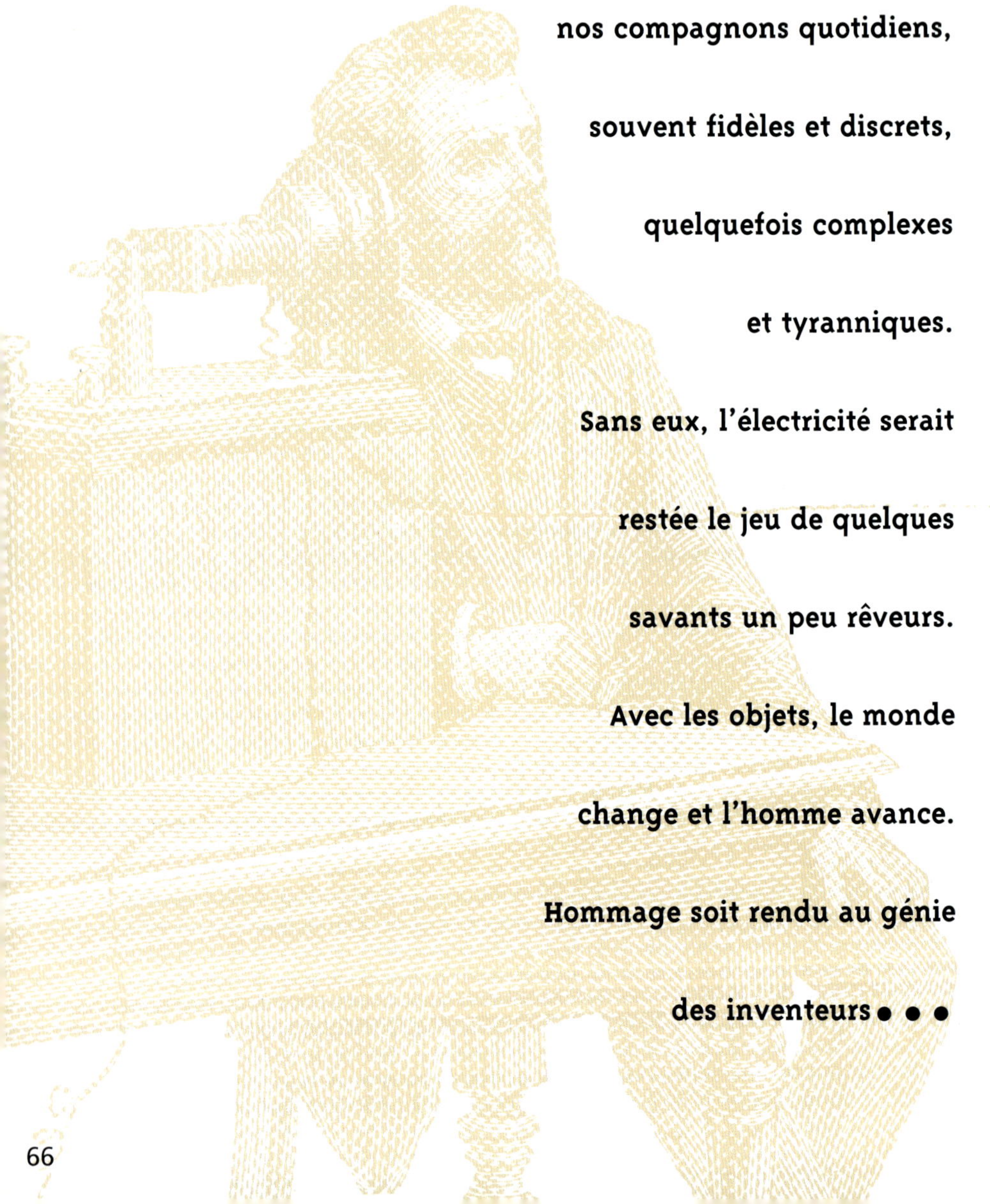

...Ce sont

nos compagnons quotidiens,

souvent fidèles et discrets,

quelquefois complexes

et tyranniques.

Sans eux, l'électricité serait

restée le jeu de quelques

savants un peu rêveurs.

Avec les objets, le monde

change et l'homme avance.

Hommage soit rendu au génie

des inventeurs...

2 On n'arrête pas le progrès

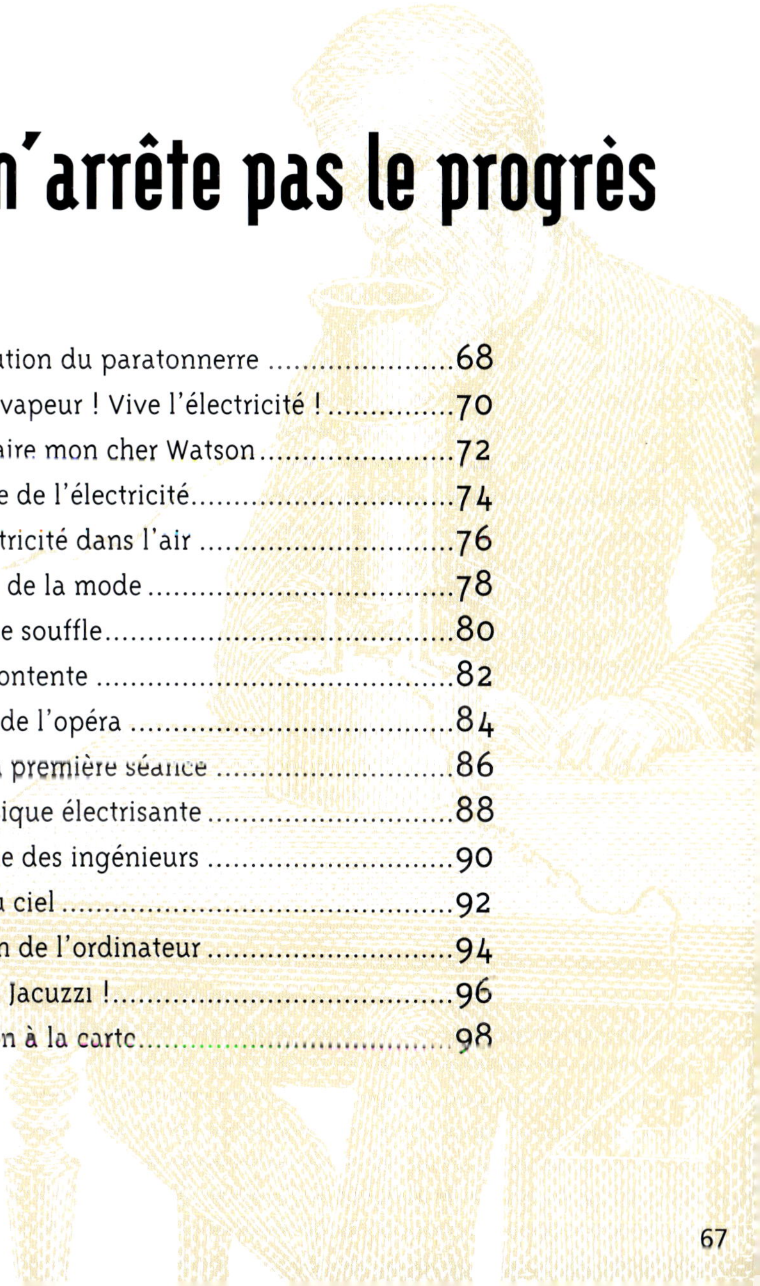

**...La nouveauté fait peur,
le changement est une provocation,
l'invention est révolutionnaire...**

En 1783, les habitants de Saint-Omer se révoltent contre l'installation d'un paratonnerre sur la maison de Visseri de Boisvallé.

La révolution du paratonnerre

Dans l'Antiquité, la foudre, manifestation la plus spectaculaire de l'électricité atmosphérique, est interprétée comme un signe de la colère divine. A la fin du XVIIIe siècle, en France, la situation n'a pas beaucoup changé : les orages continuent de terrifier la population impuissante…

Exemple de paratonnerres au XIXe siècle.

C'est en 1783 qu'un gentilhomme de Saint-Omer, Visseri de Boisvallé, fin lettré et libre penseur, décide de dresser sur le toit de son habitation, une longue tige de fer. Nul doute qu'il a compris, bien avant ses compatriotes, le principe du paratonnerre de Benjamin Franklin : une tige métallique, érigée au-dessus d'un bâtiment, le protège de la foudre en capturant l'électricité céleste…

Pourtant son nouveau système, loin de susciter l'admiration de ses concitoyens, provoque au contraire leur courroux. Et le maire de Saint-Omer, fort embarrassé par les plaintes contre cette « épée » dressée la pointe vers le ciel, comme pour le menacer, n'a pas d'autre choix que de l'interdire…

Mais l'affaire n'en reste pas là ! Convoqué devant le Tribunal d'Arras, l'apprenti physicien demande l'aide d'un jeune avocat fraîchement diplômé, un inconnu du nom de… Maximilien de Robespierre. Le futur révolutionnaire, fervent admirateur des Lumières et de Benjamin Franklin, profite de cette occasion pour échanger des correspondances avec l'illustre inventeur et homme politique américain.

Mais malgré tous ses efforts pour montrer la pertinence de l'utilisation d'un paratonnerre selon les théories de l'électricité, le jeune avocat échoue dans son entreprise. Multipliant les références au Créateur tout-puissant, le maire remporte son procès, à la plus grande joie de ses administrés, plus réticents que jamais devant un tel dispositif…

Maximilien de Robespierre (1758-1794) fut chargé de défendre Visseri de Boisvallé dans le procès contre… son paratonnerre.

...Un moteur électrique sur un bateau ?

Et vogue la galère...

En 1839, le professeur Moritz Hermann von Jacobi invite le Tsar Nicolas Ier à assister, sur la Neva, à l'essai du premier bateau propulsé par un moteur électrique.

A droite :
Le physicien allemand Moritz Hermann von Jacobi (1801-1874) est un précurseur de la propulsion électrique.

A bas la vapeur ! Vive l'électricité !

Les premières expériences réalisées sur l'électricité ont d'abord pour objectif de dompter cette nouvelle forme d'énergie. Vient ensuite le temps de l'appliquer à la vie de tous les jours. Après l'éclairage, on pense très vite à l'utiliser comme force motrice. Une tâche laborieuse, à laquelle s'attèle le professeur Jacobi, dès 1834…

L'essai décevant du professeur Jacobi n'a pas empêché la navigation, quelques décennies plus tard, de bateaux à moteur électrique. Ici un canot électrique de G. Trouvé sur la Seine.

Au début du XIXe siècle, les premières découvertes faites sur l'électricité permettent de mettre au point certaines inventions, telles que la pile de Volta ou encore la lampe « œuf » de Davy. Installé à Saint-Pétersbourg, en Russie, le physicien allemand Moritz Hermann von Jacobi se penche, quant à lui, plus particulièrement sur la question de la propulsion électrique.

En 1834, il présente le fruit de ses travaux : une machine insolite composée de plusieurs électroaimants. Le tout alimenté par une pile de type Bunsen, constituée de cent vingt-huit éléments ! A chaque décharge électrique, le mécanisme se met aussitôt en mouvement. Suscitant l'admiration de tous, une démonstration permet à Jacobi d'obtenir une subvention de soixante mille francs de la part du Tsar Nicolas Ier.

Après cinq ans de recherches fastidieuses, le savant se décide enfin à adapter son moteur sur un bateau, afin d'en tester l'efficacité. Il organise donc une promenade fluviale, en présence du Tsar et d'une foule de curieux. Pendant trois heures, le canot remonte la Neva avec douze personnes à son bord. C'est la première fois que l'électricité est utilisée comme force motrice !

Malheureusement, le poids conséquent de l'engin freine quelque peu le canot. Quant aux piles remplies d'acide sulfurique, non seulement elles se déchargent beaucoup trop rapidement, mais elles dégagent également d'abondantes fumées, qui intoxiquent spectateurs et passagers ! Un comble pour un bateau électrique ! De cet essai catastrophique, Jacobi tire cette conclusion logique : rien ne peut remplacer la vapeur. Le siècle suivant se chargera de le contredire…

...Bien des inventions ne tiennent parfois qu'à un fil...

Graham Bell et Elisha Gray communiquent au moyen de leurs premiers téléphones.

A droite :
Le téléphone Bell.

Elémentaire mon cher Watson

Alors que Thomas Edison, l'inventeur du phonographe, est sourd, Graham Bell, l'inventeur du téléphone, a également une mère sourde. Nul hasard à ce qu'il ait consacré sa vie à améliorer la communication entre les êtres humains…

D'abord attiré par la musique, Graham Bell (1847-1922) se passionne pour les études portant sur la transmission du son. En 1872 il fonde une école pour malentendants et débute ses recherches sur le téléphone.

Pour Graham Bell, le télégraphe représente un progrès décisif pour l'humanité. Et quand la Western Union Telegraph le charge d'améliorer son réseau, le savant se lance un nouveau défi. Son objectif est désormais de retransmettre directement la voix grâce au télégraphe lui-même !

Le 2 juin 1875, alors qu'il travaille avec son assistant Thomas Watson, se produit un premier événement. Watson provoque, sans le vouloir, une variation d'intensité du courant sur une ligne télégraphique installée entre deux pièces du laboratoire. Le récepteur agit comme un diaphragme et produit alors un bruit curieux…

Dès le lendemain, Bell réussit à transmettre, grâce au récepteur, des sons encore peu intelligibles, mais relativement identifiables à la voix. Il en déduit que toutes les composantes du son - hauteur, intensité, timbre - peuvent être reproduites par une simple ondulation électrique.

Dès lors, Bell et Watson multiplient les tentatives de communication téléphonique. Le 10 mars 1876, Watson entend grésiller le récepteur posé devant lui. Il le plaque sur son oreille et entend, stupéfait, la voix de son ami qui lui demande de le rejoindre dans son bureau. En voyant entrer Watson, Bell exulte.

Pour en avoir le cœur net, Bell court jusqu'à la pièce d'où vient Watson, à trois portes de là, toutes soigneusement fermées. Il saisit le récepteur et, à son tour, entend Watson : « Mr Bell, comprenez-vous ce que je dis ? » C'est fait. Il a réussi !

Fou de bonheur, il décrit en visionnaire la portée de sa découverte à son épouse : « C'est pour moi un grand jour. Un jour, on posera sur les maisons des fils télégraphiques exactement comme des tuyaux d'eau ou de gaz et l'on pourra parler au loin tout en restant chez soi… »

...Depuis des temps immémoriaux, le rituel était inexorable. Jusqu'à ce qu'une invention ne vienne tout bouleverser...

Joséphine Cochrane (1839-1913) invente le premier lave-vaisselle en 1880 et remporte le premier prix de l'Exposition universelle de Chicago en 1893.

Le propre de l'électricité

A la fin du XIXe siècle, tous se penchent sur les applications concrètes de l'électricité. Outre la communication et les transports, on réalise assez vite que celle-ci peut également rendre bien des services dans les tâches quotidiennes. C'est en tout cas ce que croit Josephine Cochrane…

Josephine Cochrane, épouse d'un politicien de l'Illinois aux Etats-Unis, s'intéresse depuis toujours aux petites découvertes. Voilà déjà un moment qu'elle songe à mettre au point une machine capable de laver la vaisselle, uniquement grâce à l'énergie électrique. « Si personne ne se décide à inventer le lave-vaisselle, je vais l'inventer moi-même », annonce t-elle !

En 1880, elle décide de mettre son projet à exécution. Six ans plus tard, le brevet du lave-vaisselle électrique est déposé. Quoiqu'il s'agisse d'un appareil plutôt rudimentaire, il suscite aussitôt l'admiration des amis de l'inventrice. Ceux-ci tiennent à tout prix à avoir leur propre machine, qu'ils appellent « le lave-vaisselle Cochrane ».

L'invention fait rapidement des adeptes. Hôtels et restaurants, très intéressés par le gain de temps que représente une telle innovation, commandent en grand nombre. Le succès atteint son apogée, lorsque Josephine Cochrane reçoit le premier prix de l'Exposition universelle de Chicago, obtenu grâce à « ses qualités techniques, sa durabilité et sa parfaite adaptation aux tâches pour lesquelles il a été conçu ».

Il est désormais grand temps de commercialiser l'objet, pour le mettre à la disposition de tout un chacun. Ainsi, en 1914, un appareil de taille réduite, destiné à un usage domestique, est lancé sur le marché. Mais contre toute attente, c'est un échec retentissant.

Quelles sont les raisons d'un tel revers ? La réponse est toute simple. Cette femme du monde, qui n'a jamais fait la vaisselle de sa vie, cette besogne étant réservée aux domestiques, est persuadée qu'il s'agit d'une tâche ingrate, à laquelle toute femme rechigne. Or, il n'en est rien ! Un rapide sondage auprès des ménagères semble montrer, au contraire, qu'elles l'exécutent assez volontiers…

Le lave-vaisselle « Cochrane » est rapidement suivi par d'autres modèles destinés aux particuliers.

... Avec l'invention du moteur électrique, le rêve des frères Montgolfier prend un nouvel envol ...

La persévérance des capitaines Renard et Krebs alliée aux travaux passionnés des frères Gaston et Albert Tissandier a permis en 1884 au ballon « la France » d'effectuer son premier vol.

De l'électricité dans l'air

Depuis leur naissance en 1783, les ballons voyageurs se déplacent selon les caprices du vent. Il faut attendre encore un siècle avant que l'électricité ne bouleverse radicalement les travaux d'aéronautique conduits jusque-là…

Depuis 1874, les capitaines Charles Renard et Arthur Krebs sont en charge de la Commission aux Communications Aériennes. Avec acharnement, ils multiplient les vols d'essai à bord de leur ballon, dont le moteur est une machine rotative à vapeur. Les échecs et les chutes - heureusement sans gravité - s'accumulent, et Renard et Krebs commencent à douter que leur rêve de diriger un ballon dans les airs se réalise un jour…

rts de leurs expériences sur le moteur ectrique, les frères Tissandier présenteront un odèle réduit à l'Exposition universelle de Paris 1878.

A la même époque, deux passionnés d'aéronautique, les frères Gaston et Albert Tissandier, discutent avec leur ami Gaston Trouvé. Puisqu'il a été possible à ce dernier de circuler sur la Seine à bord d'un canot électrique, il devrait en être de même dans le ciel ! Et tous de se lancer dans une série d'expériences sur un nouveau ballon, équipé d'un moteur électrique. Hélas, la faiblesse de celui-ci rend les premiers essais infructueux. Mais l'idée séduit, et un modèle réduit est présenté à l'Exposition universelle de Paris en 1878.

En découvrant les travaux des Tissandier, Renard et Krebs entreprennent alors la construction d'un engin équipé d'un générateur électrique. Deux ans de travail acharné leur sont nécessaires pour construire les piles, ainsi que le moteur. Aidés par l'inventeur Zénobe Gramme, les deux hommes recherchent à la fois la puissance et la légèreté…

A l'été 1884, tout est fin prêt. Les deux capitaines patientent jusqu'au 9 août. A deux cents mètres d'altitude, le ballon, baptisé « La France », effectue sans problème un trajet de près de huit kilomètres, en à peine vingt-trois minutes ! Et quand on demande au capitaine Renard s'il n'a ressenti aucune appréhension à effectuer ce vol, il répond calmement : « Pas du tout. J'ai simplement négligé d'informer ma femme de cette première escapade aérienne » !

Le 26 septembre 1884, les frères Tissandier réussissent un vol à bord d'un ballon à moteur électrique.

• • • A l'âge du fer, les hommes ont pris le pli • • •

Un des tout premiers fers à repasser électriques de la marque Calor.

Victimes de la mode

Le fer à repasser, tel qu'on le connaît aujourd'hui, est apparu au IVe siècle en Chine. À l'époque, les habitants de ce pays utilisent des objets en laiton qu'ils remplissent de braises avant de les appliquer sur les vêtements. L'apparition de l'électricité bouleverse les habitudes…

L'expression « fer à repasser » existe depuis le XVIIe siècle. Les blanchisseuses emploient alors de petites plaques de fer, munies d'une poignée, qu'elles chauffent sur les fourneaux. Ces outils sont utilisés deux par deux, en alternance : pendant que l'un chauffe, l'autre glisse sur les vêtements. Par la suite, des améliorations tentent d'être apportées à l'invention ; certains proposent notamment de remplacer le chauffage sur fourneau par un chauffage interne dispensé par de l'eau, du gaz ou de l'alcool.

Affiche publicitaire pour les fers à repasser Calor.

Aucune suggestion n'est retenue, jusqu'à ce que le New-yorkais Henry W. Seely conçoive le fer à repasser électrique en 1891. Dix ans plus tard, l'invention est commercialisée aux Etats-Unis. Désormais, il suffit de poser l'outil sur une plaque chauffante alimentée en électricité. Le succès est immédiat. Coïncidence ou conséquence, la mode en ce début de XXe siècle est au pantalon à pli…

Cependant, l'électricité a pour principale fonction d'éclairer les rues et les maisons. La plupart des entreprises de distribution d'électricité, même en 1905, n'allument les générateurs qu'au coucher du soleil et les éteignent aussitôt l'aube arrivée. Par conséquent, les familles qui désirent profiter de ces nouveaux appareils ménagers électriques ne peuvent le faire de jour.

Heureusement, un lecteur de compteurs de Californie qui travaille le soir à l'amélioration du fer à repasser parvient à convaincre les entreprises de fournir du courant pendant vingt-quatre heures, sans interruption, tous les mardis. Voilà pourquoi le mardi est traditionnellement devenu le jour du repassage !

Le repassage était traditionnellement le travail des blanchisseuses. Au moment de la commercialisation du fer à repasser électrique en 1901, beaucoup pensèrent perdre leur travail.

. . . C'est une vieille histoire, pleine de poussière. Un inventeur s'en empare, et l'affaire est dans le sac . . .

C'est en 1898 que Cecil Booth a l'idé d'une machine servant à aspirer la poussière tout en la retenant prisonnière dans un sac.

A bout de souffle

Depuis des millénaires, l'instrument essentiel de la propreté du foyer est le balai. La première innovation a lieu aux alentours de 1870, avec la mise au point du balai mécanique. Mais c'est à un inconnu, Cecil Booth, que l'on doit la merveilleuse invention de l'aspirateur, au début du XXe siècle…

En 1898, un inventeur débutant, Cecil Booth, déambule parmi une foule de curieux, lors d'une exposition au Music Hall Empire, à Londres. Il s'arrête devant le stand d'un Américain, amusé par le spectacle : la démonstration d'une nouvelle machine pour « enlever la poussière ». L'appareil est en réalité une boîte de métal, surmontée d'une poche à air comprimé. Son fonctionnement est simple : il projette de l'air sur un tapis et dirige ainsi la poussière et la saleté vers la boîte en question.

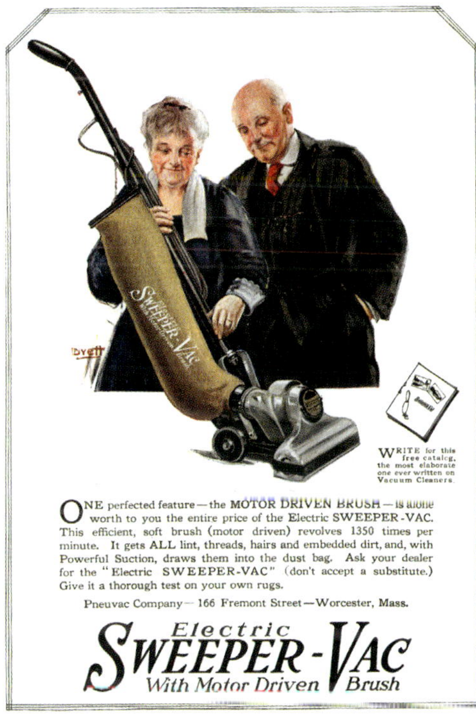

Booth, intrigué, trouve tout de même un défaut majeur à l'appareil exposé, puisqu'une grande partie de la poussière retombe aussitôt sur le tapis. Pourquoi alors ne pas aspirer plutôt que de souffler ? Il questionne donc l'inventeur, qui lui répond que d'autres y ont pensé, mais que toutes les tentatives précédentes ont échoué.

Loin de se laisser décourager, Booth tente lui-même l'expérience. Dans un restaurant de Victoria Street, il plaque sa bouche contre le dossier d'un siège en peluche et aspire de toutes ses forces. La poussière manque de l'étouffer.

C'est là qu'il comprend que la solution réside en un sac, capable de laisser passer l'air, tout en gardant la poussière. C'est encore lui qui éprouve cette intuition. Rentré chez lui, il se plaque différents tissus sur la bouche et aspire la poussière, à même le plancher. Devant l'efficacité du résultat, il décide de mettre au point le premier aspirateur, commercialisé dès 1901.

En haut :
Dès sa création, l'aspirateur séduit toutes les tranches d'âge et la cible des publicitaires dépasse rapidement la seule ménagère (ici vers 1905).

• • • Au volant de son bolide, Camille Jenatzy ne quitte pas des yeux la ligne d'arrivée • • •

La « Jamais Contente » conduite par Camille Jenatzy, le 1er mai 1899 sur la piste du parc agricole d'Achères. Pour la première fois, un véhicule automobile vient de dépasser la vitesse de 100 kilomètres à l'heure.

Jamais contente

Lorsque le premier véhicule électrique voit le jour en 1881, dans l'atelier de G.Trouvé, personne ne croit à l'avenir de cette machine. Vingt ans plus tard, Camille Jenatzy se met aux commandes de « La Jamais Contente » et tous changent subitement d'avis…

A la fin du XIXe siècle, plus d'un tiers des voitures en circulation sont électriques. Pourtant, il reste beaucoup à faire pour convaincre l'opinion publique de leur réelle efficacité. Et si la solution se trouvait dans une course automobile ?

Depuis des mois, plusieurs hommes s'affrontent régulièrement, s'emparant tour à tour du record de vitesse sur un kilomètre. En janvier 1898, le record atteint déjà soixante-dix kilomètres à l'heure !

G. Trouvé est l'inventeur, en 1881, de la première voiture électrique.

L'un des concurrents, Camille Jenatzy, un jeune ingénieur belge passionné d'électricité, travaille sur un prototype de voiture ultra-légère. Baptisée « La Jamais Contente », celle-ci laisse très peu de place au conducteur, du fait de sa forme… d'obus ! Plutôt original pour une époque qui ignore encore le concept d'aérodynamisme…

Mais le style ne fait pas tout. Jenatzy espère bien battre son rival de toujours, le comte de Chasseloup-Laubat, qui pilote une voiture Jeantaud. Celui que l'on surnomme le « diable rouge » en raison de son intrépidité et de ses cheveux roux, est quand à lui bien décidé à conserver sa suprématie.

Le 1er mai 1899, Jenatzy est au volant de son prototype, sur la piste du parc agricole d'Achères. Au signal, il écrase l'accélérateur et son engin bondit vers la ligne d'arrivée…

A la fin du parcours, il se précipite sur les juges chronométreurs. L'ancien record est pulvérisé : pour la première fois, un véhicule – électrique de surcroît – a réussi à franchir la barre des cent kilomètres à l'heure ! Grâce à cet exploit, Jenatzy prouve aux partisans du pétrole que les voitures électriques ne sont pas que des gadgets. Malheureusement, en avril 1902, son record est à nouveau battu par Léon Serpollet et sa voiture… à vapeur.

Un coupé électrique de la Compagnie générale des transports automobiles en 1898.

• • • Les inventions raccourcissent l'espace et dilatent le temps. Elles sont la voix de leur époque • • •

La salle du Metropolitan Opera House de New York. En 1910, Lee de Forest réussit la première retransmission radio d'un opéra.

La radio de l'opéra

Au début du XXe siècle, les chercheurs rivalisent d'inventivité pour mettre au point un système fiable de radiotéléphonie, c'est-à-dire de transmission de la parole par la radio. Comme pour le téléphone, c'est dans la musique que l'invention trouve sa première application…

L'Américain Lee de Forest est un brillant ingénieur radio-électricien. En 1907, le savant effectue un voyage à Paris, au cours duquel il a l'occasion d'expérimenter ses appareils de TSF… à la Tour Eiffel. Il réussit ainsi le premier l'exploit de faire entendre des voix et de la musique jusqu'à Villejuif et Melun !

De retour à New York, de Forest poursuit ses recherches avec acharnement. En 1910, voulant forcer l'admiration de ses compatriotes, il frappe un grand coup. Sur le toit du Metropolitan Opera House de la ville, il installe un poste radiotélégraphique, permettant de diffuser le son, sans fil, à une vingtaine de stations éparses. Au programme : la transmission d'un opéra dans son intégralité…

Pour son expérience, l'inventeur dispose, face à la scène de l'Opéra, dans un coin dissimulé aux yeux des spectateurs, deux microphones baptisés « dictographes ». Outre leur sensibilité inouïe, leur avantage réside dans leur petite taille, qui n'excède pas celle d'une carte à jouer !

Tout est prêt pour l'émission. Et quand le ténor italien Enrico Caruso et la cantatrice française Mariette Mazarin entament ensemble *Cavalleria Rusticana* de Pietro Mascagni, c'est une cinquantaine d'auditeurs qui sont déjà à l'écoute. Parfois à une distance de vingt kilomètres, voire même dans le Connecticut voisin !

Devenu mythique, cet événement radiodiffusé est commémoré par une plaque de marbre apposée au Palais des inventions de New York, portant l'inscription : « Ici naquit la TSF avec Caruso et Mariette Mazarin pour parrains »…

Le docteur Lee de Forest (1873-1961) pose avec une de ses inventions : l'audion.

• • • Tout savoir à distance, tout voir sans être vu. La télévision assouvit le plus vieux des fantasmes • • •

Aujourd'hui, la télévision s'est imposée dans tous les foyers.

C'était la première séance...

Dix ans environ après la diffusion des premières émissions de radio, les chercheurs essaient de sensibiliser le public à la télévision en se livrant à des expériences hors-laboratoire. Le 14 avril 1931, dans la salle de l'Olympia à Paris, a ainsi lieu l'une des toutes premières retransmissions...

A la demande pressante du directeur de l'Ecole Supérieure d'Electricité, René Barthélemy, qui dirige alors le département de recherche sur la télévision de la Compagnie des Compteurs, accepte d'organiser une démonstration publique de ses travaux. Il s'agit de transmettre par ondes des images de télévision, à l'aide d'un équipement d'analyse à prise de vues directes et de télécinéma, installé dans son laboratoire de Montrouge.

Philips est l'un des fabricants historiques de téléviseurs. Ici, une publicité pour l'un de ses premiers modèles.

La diffusion est organisée dans l'amphithéâtre de l'Ecole, à Malakoff. On y installe un récepteur, projetant les images sur un ecran de verre dépoli de quarante centimètres de long sur trente de large.

Doutant de la fiabilité de son matériel et de l'issue de l'expérience, Barthélemy ne souhaite pas donner trop d'audience à cette première séance. Peine perdue : tous les journaux s'étant saisis de l'événement et l'ayant abondamment commenté, près de mille curieux se sont déplacés ! Autant de témoins en cas d'éventuel échec, pense Barthélemy...

A deux kilomètres de là, à Montrouge, le collaborateur de Barthélemy, Marius Lamblot, s'affaire sur les derniers réglages. Dans le même temps, Suzanne Bridoux donne la touche finale à son maquillage. Depuis le début des essais, c'est elle qui prête ses traits charmants à tous les tests télévisuels.

Soudain, à Malakoff, le silence emplit l'amphithéâtre. Grâce aux miroirs qui réfléchissent l'image du récepteur, le public s'émerveille devant le sourire de Suzanne Bridoux, il l'écoute parler, la regarde fumer derrière l'écran. Et quand elle annonce la diffusion d'un petit film muet, *L'Espagnole à l'éventail*, la salle exulte et ovationne l'inventeur. René Barthélemy peut enfin sourire...

. . . Toute la musique qu'on aime, elle vient de là . . .

A la fin des années 1930, la première génération de guitares électriques révolutionne la musique.

Une musique électrisante

Au début du XXe siècle, l'électricité s'étend à tous les domaines, y compris les plus inattendus. Lorsqu'elle atteint le monde de la musique, et la guitare en particulier, c'est la manière même d'appréhender cet instrument qui est à revoir…

En 1920, tout semble réussir à Ted. Guitariste de talent, il commence à percer à la Nouvelle-Orléans, le berceau du jazz. Pourtant, Ted est préoccupé par son jeu de musicien. En effet, à chaque concert, il se trouve confronté au même problème : au milieu des cuivres et des percussions de l'orchestre, sa vielle guitare acoustique passe quasiment inaperçue...

Pour sortir de cette situation embarrassante, Ted fait appel à différents luthiers. Mais aucune des solutions proposées par les artisans ne lui convient. Ni la guitare à douze cordes, ni l'élargissement des caisses de résonance, ni l'incorporation de métal dans l'instrument.

En 1923, un certain Lloyd Loar, ingénieur chez Gibson, le célèbre fabricant d'instruments de musique, a l'idée de fixer des microphones, inventés très récemment, sur la guitare. Malheureusement, la première écoute est tellement décevante qu'il suspend ses recherches.

C'est un Californien qui propose une nouvelle solution. En 1931, Adolph Rickenbaker commercialise la première véritable guitare électrique. Conçue d'après les plans du musicien Georges Beauchamps et de l'ingénieur Paul Barth, celle-ci est aussitôt rebaptisée Frying Pan, à cause de sa forme de poêle à frire !

Mais Ted n'est toujours pas satisfait. Habitué à appuyer son coude sur une guitare aux hanches arrondies, le musicien ne sait plus comment tenir son drôle d'instrument. Il doit patienter jusqu'en 1938, quand Gibson lance l'Electro-Spanish, modèle qui reprend la forme de la guitare traditionnelle. Et finalement, seuls les amateurs de guitare hawaiienne, qui ont l'habitude de jouer assis, l'instrument posé sur les cuisses, pourront adopter l'invention de Rickenbaker…

Muddy Waters (1915-1983), bluesman de légende, est l'un des pionniers de la guitare électrique.

... Quel est le point commun entre un radar et un four à micro-ondes ? Il existe, c'est certain ...

La radar, né pendant la Seconde Guerre mondiale a permis, de manière fortuite, l'invention du four à micro-ondes.

La cuisine des ingénieurs

L'invention du four à micro-ondes date de la Seconde Guerre mondiale. Comme souvent dans l'histoire des inventions, les efforts de guerre ont accéléré le progrès technique. Et comme toujours, les voies de l'innovation ont emprunté des chemins détournés…

De nos jours, le four à micro-ondes est le moyen de cuisson le plus utilisé dans le monde occidental. Plus efficace, plus rapide, plus pratique que le four traditionnel, il a révolutionné la pratique culinaire. Son invention a néanmoins pris quelques détours…

La technologie des micro-ondes démarre réellement dans les années 1930, sous l'impulsion d'un groupe de chercheurs britanniques. En 1939, ceux-ci mettent au point le « magnétron », un appareil de grande taille capable de produire des ondes ultracourtes. Lors de la Seconde Guerre mondiale, l'application de cette technologie dans le domaine des radars permet aux Alliés d'être d'une grande efficacité dans la lutte antiaérienne, lors de la bataille d'Angleterre. Rien ne prédit alors la fonction actuelle des micro-ondes.

Le tournant gastronomique se produit aux Etats-Unis, tandis que quelques ingénieurs tentent d'améliorer le fonctionnement des radars. Les progrès en matière de détection aérienne sont limités, mais les techniciens se retrouvent très souvent près des tubes à micro-ondes lors des matins froids. Certains profitent même de la chaleur émise par les tubes, pour réchauffer leur soupe ou leur casse croûte de la mi-journée !

Au même moment, un ingénieur américain, Percy Spencer, remarque qu'un morceau de chocolat posé près d'un guide d'ondes se ramollit. Constatant que l'énergie dispensée par les tubes des radars produit de la chaleur, il a l'idée d'exploiter cette énergie pour faire cuire des grains de maïs. Ces derniers éclatent rapidement pour se transformer en… pop-corn ! La vocation culinaire du four à micro-ondes vient de naître…

Le four à micro-ondes peut chauffer rapidement toutes sortes d'aliments. Ici en 1947.

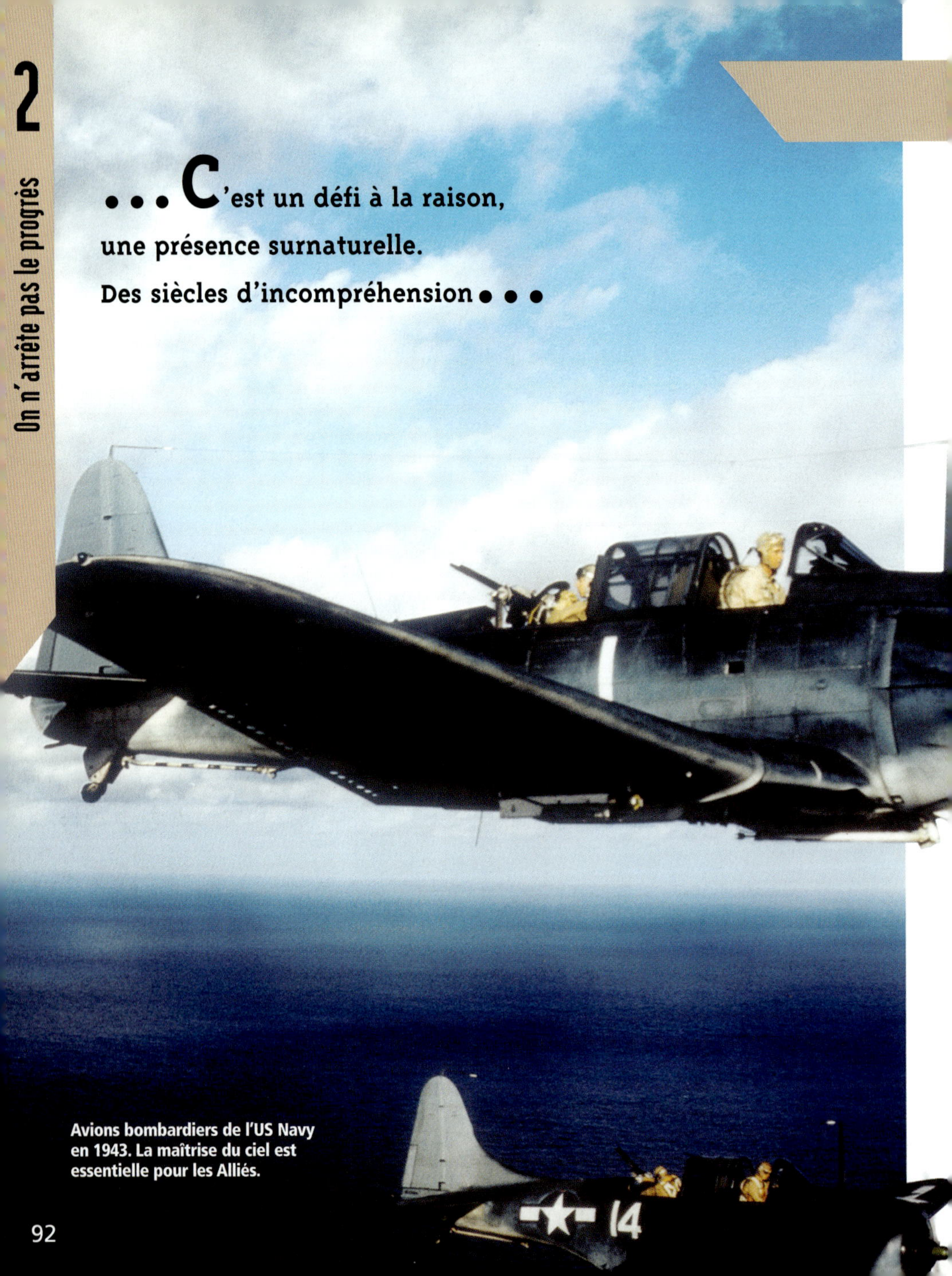

. . . C'est un défi à la raison,
une présence surnaturelle.
Des siècles d'incompréhension . . .

Avions bombardiers de l'US Navy en 1943. La maîtrise du ciel est essentielle pour les Alliés.

Le feu du ciel

Le ciel de l'Europe est en flammes. En pleine Seconde Guerre mondiale, alors que la bataille aérienne s'annonce décisive, les pilotes des deux camps évoquent d'étranges phénomènes. Extra-terrestres, nouveaux engins de destruction ? Les hypothèses se multiplient autour de mystérieuses « boules de verre »…

L'information de l'agence de presse anglaise Reuters foudroie les télex du monde entier : « Les Allemands ont produit une arme secrète pour la saison de Noël. Le nouveau dispositif, apparemment de défense antiaérienne, ressemble aux boules de verre énormes qui ornent les sapins de Noël. Il n'y a aucune information disponible quant à ce qui les maintient en l'air comme des étoiles dans le ciel, ce qu'il y a dedans ou ce que leur but est supposé être. »

Nous sommes en 1943 et, en Europe comme en Asie, la bataille pour la maîtrise des airs fait rage. C'est dans cette période que les pilotes américains, à l'instar des pilotes allemands, commencent à faire mention de ces « boules de verre » énormes et terriblement effrayantes.

Le phénomène va être popularisé sous le nom de *foo-fighters*, « les combattants fou », par les Américains. Ces derniers croient à l'invention d'une nouvelle arme allemande. Et vice-versa. Il faut dire, qu'en période de guerre, les innovations technologiques se multiplient de part et d'autre.

L'explication ne sera donnée que quelques années plus tard : il s'agit en fait de feux de Saint-Elme, autrement dit des manifestations électriques survenant lors d'un conflit entre deux masses d'air de températures différentes… Bien connus des marins et des prêtres, ils se manifestent par un halo scintillant à l'extrémité des mâts des navires, au sommet des clochers par temps d'orage ou encore… autour des ailes d'avions !

Les feux de Saint-Elme, phénomène bien connu des marins, sont pour eux un mauvais présage.

. . . Et dire que tout le monde croyait qu'Eisenhower serait battu . . .

Les deux inventeurs John Eckert (1919-1995) et John Mauchly (1907-1980) travaillent sur un ordinateur de type ENIAC à l'école Moore d'ingénieurs électriciens de l'Université de Pennsylvanie (1er janvier 1946).

L'élection de l'ordinateur

Depuis la découverte de l'électricité, l'invention de l'ordinateur est l'un des plus importants progrès techniques. Si les premières générations de machines présentent de nombreux inconvénients, il suffira de quelques heures pour qu'elles séduisent définitivement le monde politique...

Durant la Seconde Guerre mondiale, tous les calculs de trajectoire des projectiles sont effectués sur des calculatrices mécaniques de bureau. Et les employés chargés de ces machines se retrouvent très vite débordés par la masse de données à traiter.

C'est pour les suppléer que les recherches en informatique s'accélèrent. Mais l'Electronic Numerical Integrator And Computer de John Eckert et John Mauchly arrive après la bataille. Achevé en novembre 1945, après la fin de la guerre, il n'est guère facile d'utilisation. Avec ses milliers de tubes à vide, de résistances et de commutateurs, ce monstre de trente tonnes occupe à lui seul une surface de près de trois cents mètres carrés !

De plus, outre le fait qu'il consomme énormément d'électricité et qu'il faille changer régulièrement ses pièces, il n'offre que peu de souplesse pour sa programmation, puisqu'il faut revoir entièrement l'installation de tous les câbles à la moindre modification...

Les générations suivantes sont plus perfectionnées. La notion de mémoire est introduite dans l'informatique et bien d'autres tentatives suivent, jusqu'à l'UNIVAC, UNIversal Automatic Computer, premier ordinateur commercial destiné au marché civil.

Ainsi, le soir des élections présidentielles américaines de 1952, c'est un UNIVAC spécialement programmé qui imprime une estimation des votes. Et ses projections sont stupéfiantes : c'est Eisenhower qui serait élu, avec une certitude de quatre-vingt dix-neuf pour cent. Or, les sondages préélectoraux prévoient tous sa défaite ! Ce pronostic n'est donc pas pris en compte. Pourtant, au terme du décompte, c'est bien Eisenhower qui est élu, avec des résultats très proches de la prévision de l'ordinateur. Désormais, preuve est faite de son efficacité !

Le 15 juin 1951, John Eckert fait une démonstration du fonctionnement de l'UNIVAC sous l'œil attentif d'officiels.

...Coincer des bulles sans faire de remous ? Pas le genre des frères Jacuzzi...

Le jacuzzi, né en 1968, est aussitôt devenu un moyen de détente très apprécié.

Merci les Jacuzzi !

C'est au début du XXe siècle que la famille Jacuzzi, d'origine italienne, émigre vers la Californie. Sans se douter qu'elle va y acquérir une renommée internationale et laisser son nom dans l'histoire des inventions…

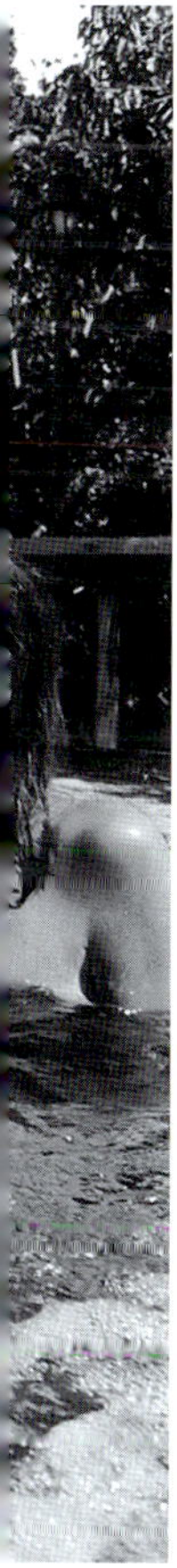

Ils sont sept frères à tenter l'aventure, à quitter leur terre natale pour s'élancer à la conquête de l'eldorado californien et du rêve américain. A ses débuts, l'entreprise familiale se consacre avec un certain succès à la fabrication d'hélices d'avions et de pompes d'irrigation pour l'agriculture. Une réussite qui, par un heureux hasard, va se transformer en un triomphe international.

Roy est l'un des sept frères Jacuzzi. Un matin de l'année 1956, il travaille à la réparation d'une grande hélice lorsqu'il fait un faux mouvement et se blesse. La lésion est bénigne et le médecin lui propose de suivre un traitement d'hydrothérapie, à base de jets d'eau. « Pourquoi pas ? » répond Roy. Cette phrase va changer sa vie.

Un des lointains ancêtres du jacuzzi.

C'est une médecine douce mais quelque peu fatigante et Roy, dont la santé s'améliore rapidement, s'en plaint devant son entourage. C'est alors que l'un des ingénieurs de la maison a une idée de génie : adapter une des pompes d'irrigation fabriquées par l'entreprise… à la thérapie. Confortablement installé dans une baignoire, le blessé peut désormais profiter des soins d'une manière bien plus agréable !

Roy est enchanté. En 1968, les dernières mises au point de l'invention fortuite sont achevées. Le Jacuzzi est né. L'entreprise décide de développer et de faire connaître cette technique qui, de procédé médical, se transforme en un moyen de détente très prisé des riches propriétaires de Californie. Le marché s'étend chaque mois un peu plus. Les sept frères font fortune et leur nom passe à la postérité…

**• • • Elle est fine et souple, légère et colorée.
Tous nos secrets réduits à la taille d'une puce • • •**

**Roland Moreno est l'inventeur génial en 1975
de l'indispensable carte à puce.**

Protection à la carte

De nos jours, il est impossible de parler de carte de téléphone, de carte de crédit ou encore de carte de santé, sans imaginer une carte à puce électronique. Cet objet très récent est le fruit d'un « Géo Trouvetou » français, à partir d'une nouvelle application de l'électricité…

Roland Moreno, passionné d'électricité et de bricolage, a déjà conçu toutes sortes d'objets plus ou moins fantaisistes. Mais l'invention dont il est alors le plus fier est incontestablement sa fameuse Matapof, Machine A Tirer A Pile Ou Face.

En 1973, certain de faire fortune, il crée Innovatron, une société qui vend des idées. Si, pendant un an, les affaires sont rares, l'inventeur français a soudain une illumination. Depuis des mois, il est obsédé par son projet de serrure à clé non reproductible. Aucune de ses tentatives ne le satisfait. Mais il vient de comprendre qu'il pourrait utiliser le circuit intégré à mémoire, autrement dit la puce électronique, pour stocker toutes sortes d'informations à la fois confidentielles et inviolables comme des données bancaires, des informations sanitaires, etc.

La carte à puce a révolutionné les rapports des individus à l'argent liquide, aux transports, à la santé, etc.

C'est ainsi que le premier terminal de paiement voit le jour. D'apparence assez grossière, il n'en fonctionne pas moins parfaitement. L'objet est simple : un microcircuit électronique contient les informations d'un compte en banque et, une fois inséré dans un support, l'identification se fait par entrée d'un code chiffré. L'avantage ? La décentralisation des opérations et une sécurité garantie contre toute tentative de fraude. Les banquiers sont aussitôt séduits : finis les vols à la tire, terminé le cauchemar de la fausse monnaie…

Roland Moreno dépose son brevet en 1975. Sa carte connaît un développement considérable mais elle s'avère moins inviolable qu'il ne le croyait. Et c'est justement le grand jeu des petits génies de l'informatique de contourner les protections qu'il s'ingénie à renforcer. Au printemps 2000, l'inventeur semble avoir trouvé la parade définitive. Et sûr de lui, il lance un défi aux pirates du monde entier : un million de francs à qui sera capable de violer la protection de sa puce !

…Le règne

de l'électricité n'allait pas

de soi. Longtemps

mystérieuse et redoutée,

celle-ci est aujourd'hui

tellement essentielle

qu'un monde sans elle

serait inconcevable.

Ce monde a pourtant existé,

avant de s'incliner,

non sans quelque résistance,

devant la magie d'une

énergie positive…

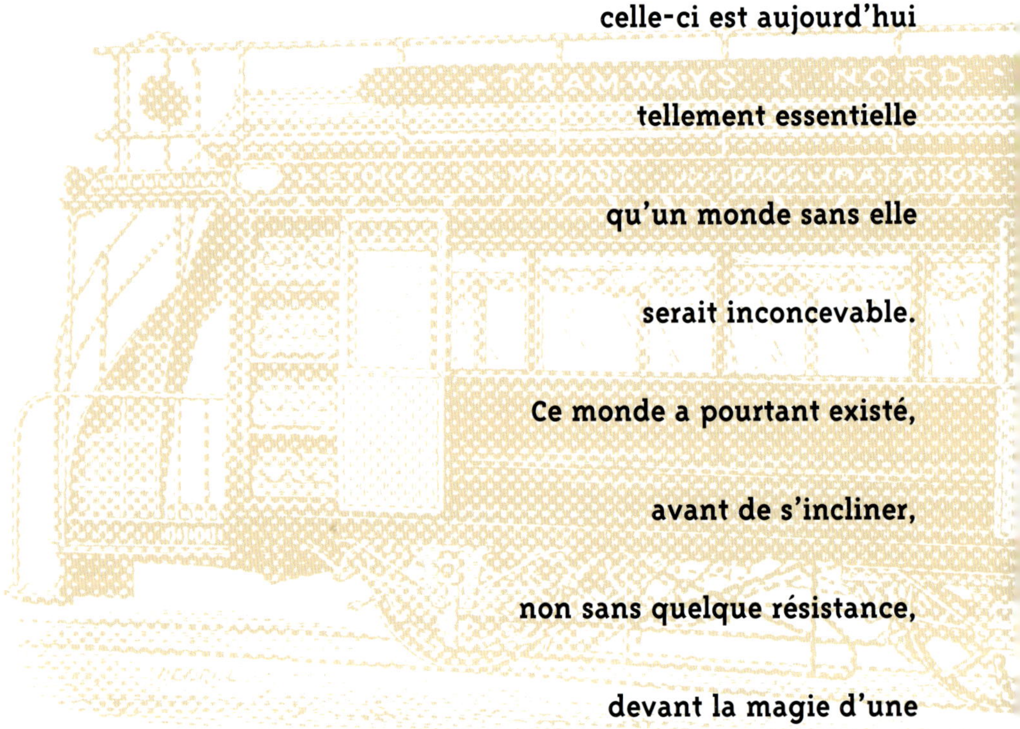

3 A la conquête du monde

• • • Quand Franklin invite à un « dîner électrique », ce n'est pas pour faire un jeu de mots • • •

Au XVIIIe siècle, l'électricité est surtout un phénomène spectaculaire et amusant. Ici, un homme électrisé enflamme de l'esprit de vin. Une expérience que reprendra Benjamin Franklin dans son « dîner électrique » de 1748.

De l'électricité au menu

Au milieu du XVIIIe siècle, Benjamin Franklin vit à Philadelphie, où il dirige plusieurs imprimeries et entreprises de presse. Son aisance matérielle lui permet de se consacrer avec ses amis à des loisirs littéraires et savants. Et notamment à cette toute jeune science très en vogue : l'électricité…

En 1746, un membre de la Royal Society de Londres envoie à la petite société savante de Philadelphie un tube de verre, accompagné d'un article décrivant les principales expériences électriques qui ont été menées avec cette « bouteille de Leyde ». Aussitôt, Franklin se passionne pour les phénomènes de répulsion, d'attraction et de décharge que peut permettre cet appareil rudimentaire, ancêtre du condensateur électrique.

Plein d'enthousiasme, Franklin est persuadé de l'importance capitale de cette invention. Aussi, pour assurer la promotion de l'électricité auprès de ses contemporains, il décide, au cours de l'été 1748, d'organiser un véritable « dîner électrique »…

En apéritif, il propose à ses convives d'enflammer, simultanément des deux côtés de la rivière, de « l'esprit-de-vin ». Et joignant le geste à la parole, il envoie une étincelle d'une berge du cours d'eau à l'autre ! Avant d'expliquer, au grand étonnement des convives, que c'est bien l'eau qui joue ici le rôle de conducteur…

Les invités passent à table, mais Franklin ne s'arrête pas là. Désireux de marquer les esprits et les palais de ses invités, il donne l'ordre d'amener le dindon, bien vivant, dont il annonce qu'il sera le plat principal du repas… L'animal, placé sous un curieux appareil, est alors foudroyé par un choc électrique, avant d'être aussitôt embroché au-dessus d'un feu allumé par l'électricité !

Quelques instants plus tard, alors que les invités encore stupéfaits terminent la succulente volaille, Franklin prend la parole. Il rend un vibrant hommage aux électriciens d'Europe et du Nouveau Monde et propose à tous les convives de porter un toast en leur honneur. Et lorsque ceux-ci tendent le bras, ils reçoivent tous ensemble la décharge de leurs verres électrisés !

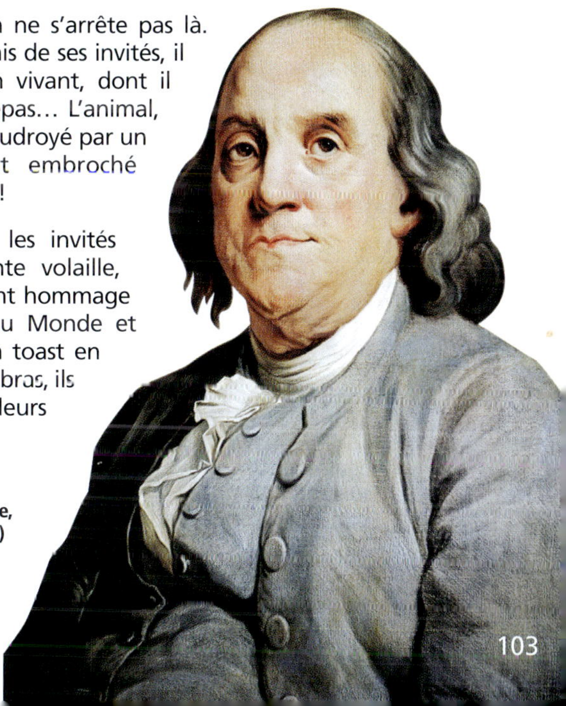

Diplomate, écrivain, et inventeur du paratonnerre, Benjamin Franklin (1706-1790) a été l'un des promoteurs de l'électricité.

. . . Les grands défis nécessitent d'importants moyens, une volonté de fer et une bonne dose de ténacité. Sans oublier un gros bateau . . .

Le *Great Eastern*, paquebot géant à bord duquel Cyrus Field a réussi son pari d'établir la première liaison télégraphique transatlantique.

Plus fort que les océans

En 1857, Cyrus Field, un homme d'affaires américain, réunit des capitaux pour tenter de réaliser un projet fou et incertain : la première liaison télégraphique sous-marine entre l'Ancien et le Nouveau Continent. Une nouvelle manière de prouver, s'il en est encore besoin, que rien ne résiste à l'électricité, pas même l'océan…

En attendant d'avoir réuni la somme nécessaire à sa réalisation, Field se concentre sur un autre problème pratique : trouver un conducteur qui, plongé dans l'eau, conserve son fluide électrique. A force de recherches, il apprend qu'un isolant dérivé du latex, le gutta-percha, découvert dix ans plus tôt en Indonésie, offre toutes les garanties. Et voilà le problème technique résolu !

La suite du projet mobilise les meilleurs ingénieurs et physiciens de l'époque, dont Lord Kelvin et Werner Siemens. Les essais commencent en août 1857. Cyrus Field ordonne le chargement des trois mille deux cents kilomètres de câbles sur le navire britannique l'Agamemnon. Parti d'Irlande, celui-ci se lance dans une audacieuse traversée de l'Atlantique avec, dans son sillage, le câble plongeant dans les abîmes. Peine perdue ! Le câble cède dix jours plus tard…

Et c'est bien loin d'être là le dernier échec que connaît Field. Pendant neuf ans, les journaux ne manquent pas de relater à leurs lecteurs les diverses péripéties vécues par l'audacieux Américain : accidents en tous genres, câbles égarés au fond de l'océan… Il faut attendre la fin de la guerre de Sécession pour que Cyrus Field s'attelle de nouveau à la tâche.

Le 27 juillet 1866, il effectue un nouvel essai, à bord du paquebot géant le Great Eastern. C'est enfin le succès ! Aussitôt, Cyrus Field et le Great Eastern, considéré alors comme le plus grand bateau du monde, deviennent célèbres. Un an plus tard, il accueille à son bord un de ses plus grands admirateurs, qui en fera la source d'inspiration de son roman *Une Ville flottante*, un certain Jules Verne…

Cyrus Field (1819-1892), homme d'affaires américain.

• • • Quand Edison décide de frapper un grand coup, le monde entier en est bouleversé • • •

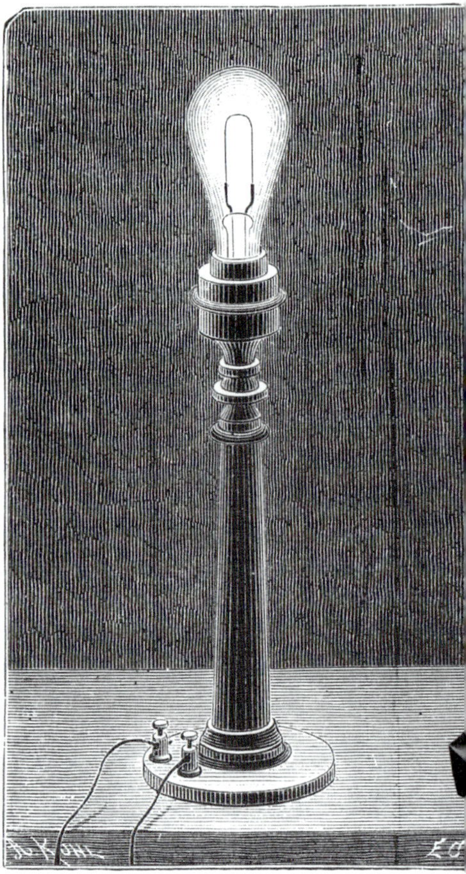

Thomas Alva Edison (1847-1931) invente la lampe électrique à incandescence en 1879.

Edison, petit génie de la lampe

C'est en 1879 que le fameux inventeur américain Thomas Alva Edison met au point la lampe à incandescence, après des années de recherches et d'expériences avortées. Les premiers doutes estompés, c'est bientôt le monde entier qui sera illuminé par le génie d'Edison…

A la fin des années 1870, Thomas Edison exulte : il a enfin réalisé un modèle de lampe à incandescence ! Il souhaite alors substituer l'électricité au gaz pour les usages publics comme domestiques, et notamment pour l'éclairage. Il répète à son entourage que « lorsque la lumière électrique sera d'un emploi courant, seuls les fous voudront encore s'éclairer à la chandelle ».

En plus des lampes à incandescence, Thomas Edison est également l'inventeur du microphone, du télégraphe duplex, du kinétoscope, du phonographe…

Dès lors, pas question de garder cette invention pour lui seul. Il faut maintenant convaincre ses contemporains de l'efficacité de l'éclairage électrique. En bon chef d'entreprise rompu aux méthodes publicitaires, il décide de frapper un grand coup médiatique…

Le 1er janvier 1880, il organise une exposition grandeur nature à Menlo Park, dans le New Jersey. Partout, dans les rues autour de son laboratoire, il installe des ampoules incandescentes par dizaines. Tout un quartier éclairé de nuit comme en plein jour, voilà un phénomène extraordinaire ! Ce qui, bien sûr, ne manque pas d'attirer les foules, captivées devant tant de lumière. De plus en plus de curieux se rendent à Menlo Park pour apprécier l'invention d'Edison…

Avide de publicité, le savant n'entend pas en rester là… et profite du séjour de la célèbre actrice française Sarah Bernhardt à New York, pour tenter d'éblouir l'Europe. Il invite la comédienne à venir visiter ses ateliers. Son arrivée n'étant prévue qu'à deux heures du matin, Edison fait éteindre toutes les lampes du voisinage. Quand enfin la voiture de Sarah Bernhardt arrive à proximité de Menlo Park, c'est toute la campagne qui s'illumine ! La comédienne, encore rêveuse, le racontera plus tard : « Sous les arbres, sur les arbres, dans les buissons, le long des allées, des lampes brillaient triomphalement »…

L'actrice française Sarah Bernhardt (1844-1923) a été éblouie par les lampes à incandescence d'Edison.

...Pour accueillir l'Exposition Internationale d'Electricité, Paris se met en quatre...

Vue d'ensemble de la grande nef de l'Exposition Internationale d'Electricité de 1881 qui s'est tenue à Paris, au Palais des Champs-Elysées.

Paris radieuse

En 1881, l'électricité est un véritable phénomène de mode en France. C'est d'ailleurs cette année-là que se tient à Paris, du 11 août au 20 novembre, la première Exposition Internationale d'Electricité, vécue par ses contemporains comme un évènement majeur du XIXe siècle…

En pénétrant la première fois dans le Palais des Champs-Elysées, devenu pour l'occasion le Palais de l'Electricité, la plupart des visiteurs ne peuvent dissimuler leur surprise et leur émotion. Un monde nouveau s'ouvre à eux, un monde féerique…

En effet, le moins que l'on puisse dire, c'est que le spectacle est magique, l'illumination incomparable, et la diversité des engins exposés fascinante : le téléphone de Graham Bell, la lampe à incandescence de Thomas Edison, et bien d'autres merveilles encore...

Dès l'entrée, l'œil est attiré par le phare électrique du Ministère des Travaux Publics, au pied duquel va et vient, sur un petit bassin, le canot électrique de Gaston Trouvé. Plus loin, toujours au rez-de-chaussée, le stand des applications industrielles : bobines, machines dynamo-électriques, télégraphes-signaux… Les visiteurs retiennent leur souffle.

Puis, vient le moment d'explorer le premier étage, où se donnent à voir les divers usages domestiques de l'électricité. Dehors, la magie continue. Et le tableau est encore plus impressionnant le soir, car les foyers électriques inondent l'édifice de leur lumière resplendissante. Quelques jours après la fin de l'exposition, un journaliste écrira : « On aurait dit que le feu était aux Champs-Elysées ou qu'une magnifique aurore boréale resplendissait à l'Occident. »

Mais c'est une autre invention qui marquera définitivement les mémoires : il s'agit du tramway électrique construit par Siemens, qui relie directement la place de la Concorde à… l'entrée principale du Palais !

Le tramway électrique est l'attraction principale de l'Exposition de 1881. Il relie la place de la Concorde au Palais des Champs-Elysées.

...Le théâtre ou l'opéra au téléphone.
Un rêve devenu réalité...

L'une des salles « téléphoniques » de l'Exposition Internationale d'Electricité de 1881 qui marque les débuts de l'implantation du téléphone en France.

La culture au téléphone

Inventé en 1876 par Graham Bell, le téléphone permet la transmission de la parole à distance, grâce à l'électricité. Il ne tarde pas à traverser l'Atlantique, où il est partout accueilli avec enthousiasme. Partout… sauf en France, dont la population ne lui voit pas la moindre utilité.

En 1878, la toute jeune Administration des Postes et des Télégraphes décide de présenter le téléphone au public français. L'Exposition universelle, qui se déroule cette année-là au Palais de l'Industrie à Paris, doit offrir un cadre idéal. Mais contre toute attente et à l'opposé des réactions des autres citoyens européens, les Français se montrent bien peu intéressés par cette nouvelle invention. Malgré une campagne publicitaire de grande envergure, le besoin de téléphone ne se fait pas sentir et le nombre d'abonnés à Paris en 1881 n'est que de mille huit cent trente-six, contre trente-cinq mille à Chicago !

En 1881, le « théâtrophone » permet d'entendre des pièces de théâtre et des opéras à distance.

Dès lors, il importe à la Société Générale des Téléphones, chargée d'installer les lignes téléphoniques dans les villes françaises, de susciter la demande. L'Exposition Internationale d'Electricité de 1881 se présente à point nommé et, c'est décidé, les Français vont y apprendre la nécessité de posséder un téléphone…

La méthode employée par la Société Générale des Téléphones est simple : il s'agit de montrer aux utilisateurs que, dans l'avenir, il sera possible d'écouter des pièces de théâtre, des concerts ou encore des opéras avec un téléphone, sans avoir à sortir de chez soi !

Et pour vraiment convaincre le public, on n'hésite pas à relier deux salles du Palais de l'Industrie à l'Opéra et à la Comédie Française. Le succès du « théâtrophone » est immense. Les journalistes, français et étrangers, se précipitent pour écouter en direct les représentations qui se déroulent à quelques kilomètres de là. Les compte-rendus sont dithyrambiques ! Tous louent en chœur « l'excellence des démonstrations téléphoniques ». Comme le dira plus tard un journaliste de *L'Electricité*, « celui qui n'a pas assisté à cette expérience qui dure deux minutes ne peut se vanter d'avoir connu cette exposition »…

Le poste central de la Compagnie du Théâtrophone met en relation les salles de représentation et les auditeurs à distance.

...Ce sont les plus précieux amis des marins. Ils ont bien droit à quelques innovations...

Le phare électriqu de l'embouchure de la Weser sur la mer du Nord. Ce n'est qu'à la fin d XXe siècle que l'éclairage électrique s'est généralisé en Europe.

Plein phares sur l'électricité

Au tournant du XIXe siècle, l'électricité semble être l'avenir des phares. Une révolution qui réjouit les marins français, encore trop fréquemment victimes de naufrages. Pourtant, en bien des endroits, la modernisation a été moins rapide que prévue…

Testée en 1821 à l'Arc de Triomphe, avant d'être mise en service sur le phare du Cordouan, au beau milieu de l'estuaire de la Gironde, la lentille de l'inventeur français Augustin Fresnel révolutionne l'éclairage des phares. Mais, après cette innovation optique, les ingénieurs semblent momentanément en panne d'inspiration. Et les navires, qui n'aperçoivent qu'au dernier moment les faibles lampes à huile des phares, continuent à faire naufrage aussi régulièrement…

Dans les premiers temps de l'ampoule électrique, la France accuse un net retard par rapport aux pays étrangers. Les premiers essais effectués sur les phares jumeaux de La Hève, au Havre, puis à Gris-Nez, entre la Manche et la Mer du Nord, restent sans suite. Ce n'est qu'à la fin du siècle que l'on envisage d'employer l'électricité pour faire briller les phares toute l'année !

En 1885, le ministère des Travaux Publics rend son avis sur le projet. S'il semble très enthousiaste, le doute subsiste. Suffisamment pour ordonner une enquête, qui révèle que, sur les quarante-deux phares de la Manche, de la Méditerranée et de la côte atlantique, tous ne sont pas indispensables ! En fait, les raisons sont d'ordre économique : les ampoules à filament utilisées coûtent trop cher. Au final, six phares seulement seront électrifiés…

Malgré cette déception, les marins français gardent espoir. Ainsi, dans un numéro de *L'Illustration* daté du 10 juin 1893, on lit : « Dans un avenir prochain, il est certain que tous les phares importants en France et à l'étranger seront éclairés par l'électricité ». Un jugement très optimiste, quand on sait que le phare de la Vieille, situé sur le Raz de Sein, dans l'un des endroits les plus dangereux de France, abritait jusqu'en 1995 un antique brûleur à pétrole…

Les phares jumeaux du cap de la Hève, au Havre, sont les premiers à avoir reçu un éclairage électrique.

...Peut-on concéder un peu de la beauté des rues de Paris à la modernité ? Dilemme...

Un tramway électrique de la fin du XIXe siècle, sans fil aérien, sur la ligne Courbevoie-Madeleine à Paris.

Avec ou sans fil

L'arrivée du tramway électrique est un progrès considérable pour les transports en commun. Désormais, plus de chevaux qui s'épuisent trop vite ou de fumée qui brûle les poumons. Pourtant, certains contestent encore la mise en place de ce nouveau système révolutionnaire…

Paris a toujours eu beaucoup de scrupules à altérer ce qu'elle considère comme son patrimoine. Ainsi, jusqu'au lendemain de la Commune en 1871, les élus municipaux refusent obstinément de poser des rails sur les pavés du centre-ville. Les tramways sont donc réservés à la banlieue, et seuls les omnibus à chevaux sont autorisés à traverser la capitale. Lorsque la municipalité cède enfin, de nouvelles controverses apparaissent…

En effet, pour alimenter en électricité les motrices des tramways, l'idéal est de les raccorder à des fils aériens, au moyen de deux longues perches. Or, Paris craint de voir le ciel de ses places et de ses rues sillonné de tristes câbles noirs. La Compagnie des Tramways de Paris a beau insister, rien n'y fait. La mairie campe fermement sur ses positions. En revanche, elle décide de moderniser son réseau en banlieue parisienne, en installant, dès 1892, neuf motrices électriques. Son triomphe est immédiat, ou presque…

Car si la Compagnie des Tramways de Paris rayonne autour de la capitale, une concurrente commence à connaître du succès… dans Paris même ! La Générale Parisienne des Tramways avance effectivement un argument de poids pour s'emparer du marché : elle propose la pose de fils aériens les moins laids possible, et résout le problème des carrefours, grâce à deux petits rails électrifiés insérés dans le caniveau !

Cette dernière gagne ainsi la faveur de la mairie, et par la même occasion, la course aux tramways parisiens. Le 9 novembre 1898, la ligne électrifiée qui relie Bastille à Charenton est ouverte à l'exploitation. En moins de cinq ans, le trafic double, faisant de la ligne un modèle du genre. Quelques années plus tard, la Générale Parisienne des Tramways se permet même de racheter sa rivale malheureuse, la Compagnie des Tramways de Paris…

L'un des premiers tramways électriques de Paris, entre la place de l'Etoile et la Porte Maillot.

•••L'électricité est l'avenir de Colmar.
Pour s'en persuader, suivre le tramway•••

Le 15 mars 1902, Colmar inaugure simultanément sa centrale électrique et sa première ligne de tramways.

La centrale sur les rails

En 1889, la ville alors allemande de Colmar s'équipe d'un réseau de tramways hippomobiles. Malheureusement, comme beaucoup d'autres en Europe, ceux-ci se révèlent rapidement peu efficaces. Il faut songer à installer un tramway électrique. Ce qui peut s'avérer difficile lorsqu'il n'y a pas de centrale électrique…

A la fin du XIXe siècle, devant les grandes réussites de l'électricité partout dans le monde, la ville de Colmar envisage d'installer une centrale électrique dans sa commune. Mais bon nombre d'élus et d'habitants restent méfiants face à cette nouvelle source d'énergie. Si bien que le projet est maintes fois repoussé par le conseil municipal.

Les tramways de Colmar sont les mêmes que ce modèle londonien.

Pourtant, deux personnes ont particulièrement hâte de voir la construction de cette usine : le maire de Colmar, qui espère dynamiser ainsi sa ville, et le directeur de la Compagnie des tramways, qui souhaite rester compétitif en adoptant la traction électrique. Tous deux se mettent d'accord pour agir de concert contre toutes les réticences…

En 1898, le directeur présente son projet aux élus. Il affirme que le tramway électrique sera tellement rentable pour la Compagnie, donc pour l'économie locale, qu'il est à lui seul une raison valable pour accepter la création de l'usine électrique. Celle-ci permettra, par ailleurs, la mise en place d'un éclairage public. Le maire, quant à lui, ajoute que la Compagnie des tramways sera le complément indispensable pour l'usine électrique, dont elle sera un client régulier, y compris aux heures creuses de la journée !

Malgré tous ces arguments, le conseil hésite encore. D'un côté, il est certain qu'il n'y aura pas de tramway électrique sans usine électrique. Mais il semble également qu'il n'y aura pas d'usine sans tramway. Comme la viabilité des deux entreprises semble assurée, le conseil donne finalement sa double approbation.

Le 15 mars 1902, Colmar est en fête : la ville célèbre l'ouverture de sa première centrale électrique, et, puisque l'un ne va pas sans l'autre, l'inauguration de sa première ligne de tramways électriques, qui dessert tout naturellement la centrale…

• • • Pour les gaziers, l'électricité est une sombre promesse. Celle de lendemains qui déchantent • • •

La centrale électrique des Halles, à Paris, au début du XXe siècle.

De l'eau dans le gaz

Le 23 octobre 1902, le théâtre municipal de Rennes est en ébullition. Ce soir, on inaugure l'électrification de la ville… Enfin disponible pour tous, la « fée » électricité a pourtant mis dix années à vaincre les résistances de la capitale bretonne.

Dès le début des années 1890, l'idée d'électrifier la ville de Rennes commence à germer dans les esprits. Au grand dam des ouvriers de l'industrie du gaz, qui ont toujours assuré l'éclairage de la ville. Le ton est d'ailleurs donné quand Monsieur Domalain, chargé du développement de l'électricité à Rennes, reçoit une lettre du responsable de l'usine de gaz de la ville : « En général, les compagnies électriques font beaucoup de bruit et de réclame. Vous, au contraire, semblez avoir peur du grand jour et surtout de nous… »

Caricature anglaise montrant les cauchemars d'un gazier. L'électricité est synonyme de la perte de son emploi…

En effet, Rennes est alors une ville peu industrialisée, et plutôt hostile à l'innovation. L'électricité est désormais une science maîtrisée, mais il reste encore trop d'aléas quant à la manière de l'utiliser. Et que dire des allumeurs de réverbères ? Vont-ils perdre leur travail ?

Les gaziers parviennent ainsi à conserver leur monopole jusque vers 1900. Et avec le nouveau siècle vient l'illumination… La ville se dote d'un tramway électrique, et décide donc d'éclairer également à l'électricité les stations et les voies. Les commerçants, eux, ne cessent de réclamer l'électrification générale, voyant là une bonne façon de mettre en valeur leurs étals.

Mais ce sont les habitants-mêmes de Rennes qui vont parvenir à imposer la nouveauté. L'opinion publique est relayée par la presse locale, et dans *Le Petit Rennais* du 20 février 1900, on peut lire le slogan « Plus de gaz ! L'électricité partout ! » C'est chose faite le 23 octobre 1902. Mais pour que la Bretagne dans son ensemble soit complètement équipée en électricité, il faudra attendre encore soixante ans !

• • • C'est une visite officielle, et tout doit être parfait. L'occasion de glisser une petite revendication • • •

Le grand escalier de l'Opéra de Paris, lors d'une représentation à la fin du XIXe siècle.

Les coulisses de la révolution

En novembre 1909, le roi Manuel II du Portugal est en voyage officiel en France. Au deuxième jour de sa visite, son programme lui réserve une représentation à l'Opéra. Il ne se doute pas encore que sa présence dans la salle va changer les conditions de vie de bon nombre d'électriciens…

Depuis son arrivée à Paris, deux jours plus tôt, Manuel II a conquis le pays. A chacune de ses sorties, des milliers de personnes se massent autour de lui, avec une ferveur qui frôle l'hystérie… Non loin de là, le syndicaliste Emile Pataud veille. Il n'a pas renoncé à son projet d'améliorer les conditions de travail des électriciens. Quand il entend parler de la venue de Manuel II, il s'empresse de mettre son plan à exécution…

Le 29 novembre au soir, on donne *Faust* à l'Opéra en l'honneur du Roi. Alors qu'il est reçu par les directeurs dans la loge présidentielle, deux électriciens de la société Edison – société chargée d'assurer l'éclairage de l'Opéra – se présentent devant l'administrateur général, Monsieur Gabion. Délégués par leurs camarades, ils demandent une augmentation immédiate de leurs salaires, sous peine d'abandonner sur-le-champ leur travail et de plonger la salle dans l'obscurité !

Effrayé par ces menaces, l'administrateur s'empresse d'appeler les directeurs. Avertis, ils ont la surprise d'apprendre qu'Emile Pataud est derrière cette mise en scène : « C'est le camarade Pataud qui veut çà ! Voyez le camarade Pataud ! » On envoie aussitôt chercher le « camarade », qui attend tranquillement le résultat de sa manœuvre dans un café voisin. « C'est à prendre ou à laisser. Ou vous signez, ou nous éteignons » !

Alors que dans la salle, le public et les artistes ne se doutent de rien, une vive tension règne en coulisses. Les directeurs n'ont pas d'autre choix que d'accéder aux revendications de Pataud. Satisfait, le syndicaliste peut alors s'en aller, non sans déclarer à ses camarades d'une ton plein d'assurance : « C'est ainsi qu'on fait la révolution ! »

Le roi Manuel II du Portugal (1889-1932) accède au trône en 1908 avant d'être renversé deux ans plus tard.

. . . Quand l'un des plus grands patrons de France veut faire de la publicité, aucun support n'est trop beau . . .

En 1925, André Citroën transforme la tour Eiffel en support publicitaire pour son entreprise.

Citroën en pleine lumière

Au début des années 1920, André Citroën, fondateur de la marque éponyme, est à la tête de l'une des plus grandes firmes françaises. Sans doute, a-t-il compris avant l'heure que la publicité peut beaucoup pour la renommée d'une entreprise. A plus forte raison quand elle joue sur l'innovation technique...

En 1925, tout Paris est en effervescence. Chacun s'active, en effet, à préparer l'Exposition Internationale des Arts Décoratifs, dont l'inauguration est imminente. Sur le chantier, Fernando Jacopozzi, fabricant d'enseignes lumineuses pour les grands magasins, vient voir André Citroën, pour lui proposer une expérience unique : réaliser une publicité géante sur la tour Eiffel !

Fasciné par ce monument depuis sa plus tendre enfance, l'homme d'affaires n'hésite pas. Après avoir résolu toutes les questions financières, administratives et techniques, les travaux peuvent enfin commencer. D'anciens gabiers de la marine et des pompiers de Paris sont réquisitionnés pour poser les quatre mille cinq cents mètres de support en bois, les kilomètres de câbles électriques et les cent vingt-cinq mille ampoules de couleurs différentes qui composent le panneau.

Le soir du 4 juillet, André Citroën réunit les plus grandes personnalités de la société parisienne sur un bateau-mouche. Toute la soirée, il semble comme absent. Vers dix heures, il demande à ses invités de le suivre sur le pont. La péniche passe à ce moment-là au pied de la tour Eiffel. Et là, surprise ! Le monument s'éclaire, laissant apparaître les lettres suivantes : C, I, T, R, O, E, N. Tous sont soufflés. Même Georgina, la si discrète épouse de l'entrepreneur, laisse éclater sa joie en sautant au cou de son mari.

Durant les neuf années qui suivent, des motifs différents illumineront les faces de la tour. De l'horloge géante à la pluie d'étoiles, en passant par les noms des nouveaux modèles Citroën, tous suscitent la même réaction d'émerveillement auprès du public. En 1935, elle s'éteint définitivement, la même année que l'illustre fondateur de la marque aux chevrons...

André Citroën (1878-1935), fondateur de la marque automobile éponyme, est l'un des plus puissants chefs d'entreprise de la France des années 1920.

• • • L'électricité, c'est l'avenir de la femme.

Ou l'inverse • • •

La joie au foyer

Autour de 1900, il est une croyance très répandue : l'électricité est un progrès absolu, qui va radicalement transformer la condition sociale de l'humanité. Ainsi, à côté d'un discours féministe de libération de la femme par le travail salarié, c'est bien le thème de la promotion de la femme au foyer par l'électricité qui l'emporte…

La science ménagère est à la mode. La femme au foyer qui, se consacre à des travaux parfois considérés comme simples et ennuyeux, gagne en prestige social. Désormais, grâce à l'électricité et à sa nouvelle application, l'électroménager, elle devient une véritable technicienne du foyer…

En France, cette idée émerge réellement dans les années 1920. L'objectif est de permettre aux femmes d'effectuer les tâches ménagères dans un environnement salubre et de gagner du temps pour lire, se cultiver et se divertir…

Paulette Bernège est la voix de cette campagne. Elle fonde en 1925 la Ligue d'Organisation ménagère, et se lance dans de véritables conférences de propagande. Dans ses discours, elle encourage les femmes à se constituer en « lobby », pour obtenir une baisse des prix du courant électrique : « les femmes, gardiennes du foyer et dispensatrices du bien-être dans les familles, doivent agir de toutes leurs forces auprès des pouvoirs publics pour que l'électricité soit amenée partout, dans tous les villages ! »

L'électricité donne de nouvelles lettres de noblesse à l'art ménager.

En 1928, elle va encore plus loin en éditant une revue, *La joie au foyer*, tirée à environ vingt mille exemplaires. Cette publication exalte l'électricité, qui « doit pénétrer toutes les cuisines de France ». Et présente aux lectrices une cuisine modèle suréquipée : un nombre incalculable de prises, un frigidaire, un radiateur électrique, une horloge électrique, des ventilateurs, un sèche-torchons, et même… une caisse enregistreuse pour les comptes du ménage !

A gauche :
Une cuisine européenne modèle au début du XXe siècle. Du four à la plaque chauffante, elle est équipée de plusieurs appareils électriques.

• • • Quand le plus grand affichiste vante l'électricité, il révolutionne son métier • • •

Affiche publicitaire de Jean Carlu (1900-1997) vantant les mérites de la cuisine électrique.

La cuisinière à l'affiche

Affichiste célèbre au début des années trente, Jean Carlu a souvent participé à de vastes campagnes publicitaires. Doté, en plus de son talent créatif, d'un grand sens de l'inédit, il apporte un peu de nouveauté à l'art de la publicité, et se surpasse totalement pour vanter les mérites d'une cuisinière électrique…

C'est en 1918, lors d'un concours pour le dentifrice Glycodont, que Jean Carlu décide de devenir affichiste professionnel. Imprimeur et dessinateur publicitaire en agence, il n'est membre de l'Union des Artistes Modernes qu'en 1930. Dès lors, il cherche à innover en multipliant les supports : le photomontage, les feuilles de métal ou encore les affiches lumineuses…

En 1934, la CPDE, Compagnie Parisienne d'Electricité, fait appel à lui pour la première fois et lui demande de décorer son stand au Salon des Arts Ménagers. L'artiste se lance alors dans la réalisation d'un cuisinier géant en métal, destiné à vanter les mérites des applications domestiques de l'électricité. A ses côtés, l'immense thermomètre qui mesure l'apparition et la disparition des microbes, en fonction des variations de température du réfrigérateur remporte un succès considérable...

Un an plus tard, la CPDE propose à Carlu de prendre en charge la nouvelle campagne publicitaire dédiée à la cuisine électrique. Cette fois encore, l'affichiste décide de frapper un grand coup. Combinant des projecteurs, des lampes à tube et des matériaux réfléchissants, il met au point la première affiche lumineuse, intitulée La cuisinière électrique.

Mais Jean Carlu est aussi l'inventeur du « luminographe », une affiche électrique d'un genre nouveau présentée pour la première fois sur la façade du Palais de la publicité en 1937. La même année, Raoul Dufy expose sa célèbre toile *La Fée Electricité*. Et c'est parmi les hommes les plus illustres de l'histoire de l'électricité que prend naturellement place Jean Carlu.

La cuisinière électrique est l'un des appareils électroménagers les plus appréciés au milieu du XXe siècle. Ici une cuisinière électrique Sauter de 1945.

• • • L'installation d'une centrale nucléaire, c'est parfois des inquiétudes. C'est aussi beaucoup de fierté • • •

La centrale de Chinon, inaugurée en 1963,
est la première centrale nucléaire de taille industrielle en France.

Chinon, appelation d'origine contrôlée

Après la création du Commissariat à l'Energie Atomique en 1945 par le général de Gaulle, il apparaît que le nucléaire est le meilleur moyen de donner à la France son indépendance énergétique. C'est dans ce contexte que Chinon accueille la centrale nucléaire EDF1 en 1957…

Dès les années 1950, Electricité de France et son dirigeant, Pierre Ailleret, décident d'établir la première centrale nucléaire de taille industrielle à Chinon, en Indre-et-Loire. Alors que les ouvriers affluent dans la région, les habitants s'interrogent… Que va devenir Chinon ?

La célébrité de Chinon doit autant à sa centrale qu'à son château et son vin.

Mais les administrateurs du site les rassurent sans peine : la centrale va créer de l'emploi ! Rassurés, les habitants du lieu commencent alors à s'intéresser à EDF1… Certains, fascinés par les travaux, se rendent régulièrement sur le site, abasourdis devant « les centaines de mètres cubes de terre » déplacés pour installer les réacteurs.

D'autres, véritables touristes dans leur propre région, sont adeptes des « visites du dimanche », comme Jean Chamboissier, le maire de Bourgueil, un village voisin : « Inutile de réserver, il suffit de venir sur le site. Et là quand ils disent « la visite va commencer », c'est exactement comme dans un château de la Vallée de la Loire… »

Petit à petit, les villageois s'approprient celle qu'ils surnomment déjà familièrement du fait de sa forme « la Boule » et bientôt, dans les bureaux de presse, on voit apparaître des cartes postales de la centrale. Plus loin, chez le boucher, c'est encore un papier représentant « la Boule » qui sert d'emballage !

Et ce n'est pas tout. Les viticulteurs de la région n'entendent pas rester en marge de cette manne touristique providentielle. A partir de 1960, ils organisent des circuits, emmenant les visiteurs contempler la fierté du village, avant de s'arrêter dans les caves… où les heureux touristes peuvent déguster les bouteilles du célèbre vin de Loire. Et sur l'étiquette on peut distinguer, au second plan derrière les vignes… les cheminées de Chinon !

• • • La puissance électrique peut relancer la consommation. Il suffit d'y croire pour s'en convaincre • • •

La pose des compteurs bleus dans les années 1960 est l'une des plus grandes opérations commerciales de l'histoire d'EDF.

« Ceci est un compteur bleu... »

Au lendemain de la Libération, la France entre dans l'ère de la société de consommation électrique. En l'espace de vingt ans, l'équipement des particuliers passe du simple au double. Electricité de France doit faire preuve d'ingéniosité afin de séduire les consommateurs les plus réticents...

Au début des années soixante, les foyers français s'équipent de plus en plus en appareils électroménagers. Malheureusement, ces nouveaux consommateurs ne sont pas éduqués en matière d'électricité. Beaucoup d'entre eux confondent puissance, consommation et tension, et se perdent entre les différentes unités de mesure électrique : volts, watts et ampères.

Ainsi, nombreux sont les abonnés d'EDF qui se déplacent jusqu'aux guichets, uniquement pour apprendre que la puissance dont ils disposent ne permet pas d'alimenter le lave-linge de leurs rêves...

Après enquête, les services publicitaires d'EDF décident de prendre l'affaire en main. Puisque les usagers répondent invariablement que l'unique responsable de tous leurs malheurs est leur antique compteur, EDF décide en 1963 de lancer sa première campagne commerciale d'envergure nationale. En même temps qu'ils remplaceront des compteurs qui, pour être anciens, n'ont aucune influence sur le courant fourni à chaque foyer, les agents augmenteront la puissance disponible dans chacun d'eux. Nom de l'opération : « compteur bleu »...

Pour l'équivalent de vingt-trois francs, EDF s'engage à poser, au domicile de chaque consommateur qui en fera la demande, un compteur bleu ainsi qu'un disjoncteur, afin de « libérer » la puissance. Six ou neuf kilowatts seront alors disponibles, ce qui permettra de brancher tous les appareils souhaitables. Le succès est immédiat. En un an, près de cinq cent mille foyers adoptent le nouveau compteur. Quant à la vente d'électroménager, elle connaît un essor sans précédent !

Pourtant, des protestations commencent à s'élever. Car ce plan d'action commerciale d'EDF est en réalité un leurre. Le plus souvent, l'électricien envoyé sur place se contente de remplacer l'ancien compteur noir par un bleu identique ! Et quand, le stock de compteurs bleus est épuisé, il colle simplement une étiquette indiquant « Ceci est un compteur bleu » !

Affiche vantant les mérites du compteur bleu. Celui-ci devait « offrir » une plus grande puissance électrique à chaque foyer.

... Quand d'un seul coup toutes les lumières s'éteignent, l'Amérique est dans le noir ...

Le 9 novembre 1965, New York, l'autre ville-lumière, connaît le « black out », une coupure totale d'électricité.

New York, le coup de la panne

Le 9 novembre 1965, l'Amérique du Nord connaît sa première grande panne électrique. A New York, Boston, Philadelphie, Toronto, Ottawa, près de trente millions d'Américains et de Canadiens sont privés de lumière. Ceci pendant plus de treize heures…

Il est 17h28 à New York, quand le choc se produit. Envahissant peu à peu la région de l'Ontario et toute la côte est des Etats-Unis, le black out plonge le continent dans l'obscurité. Ce qu'on ignore encore, c'est qu'une infime coupure dans le réseau électrique Canada – Etats-Unis, à proximité des chutes du Niagara, est la cause de cette gigantesque panne, sans doute la plus importante de l'histoire américaine.

Durant le « black out » de 1965, des centaines de New-Yorkais prisonniers du métro doivent évacuer les rames à pied.

17h28, l'heure de sortie des bureaux. La majorité des New-Yorkais sont pris au piège, bloqués dans une rame de métro ou un ascenseur. Après quelques minutes de surprise, les habitants de Big Apple se ressaisissent. Une grande vague de solidarité se met en place : on se rassemble, on se réconforte, on échange des allumettes et des lampes à pétrole.

Les bougies deviennent en quelques heures des objets particulièrement recherchés. Certains n'hésitent pas à descendre dans la rue et à vendre leur stock à plus de cinq dollars pièce ! Et que dire de la petite fille qui arrive dans un commissariat de Manhattan à la tombée de la nuit : « Il me faut une bougie, immédiatement ! » Un officier de police, inquiet, lui demande s'il s'agit d'une urgence : « Bien sûr, il faut que je fasse mes devoirs » répond elle avec aplomb !

Au petit matin, la ville retrouve progressivement sa lumière. Les New-Yorkais retournent au travail, épuisés par la « nuit noire » qu'ils viennent de passer. Dans la rubrique féminine d'un quotidien, les ménagères peuvent lire avec intérêt un article tombant à point nommé, « les cent une manières d'enlever les tâches de bougie »…

...Un mardi comme les autres pour les passagers du métro. C'est comme cela que tout a commencé ...

Les passagers du métro de la ligne 1 sont surpris entre deux stations par la panne d'électricité du 19 décembre 1978.

Une panne sans panique

Métros et trains brutalement stoppés, ascenseurs bloqués, embouteillages gigantesques, appartements privés de chauffage… Le matin du 19 décembre 1978, à l'heure où les Français doivent affronter les rigueurs de l'hiver pour se rendre au travail, le pays connaît une crise énergétique sans précédent.

A 8h28, les passagers du métro de la ligne 1 ne savent pas encore qu'ils vivent un épisode historique. Alors qu'elle circule entre deux stations, la rame est brutalement plongée dans le noir. La première réaction ne se fait pas attendre : on pense d'abord à une grève surprise. Quelques voyageurs s'indignent, en attendant d'en savoir plus.

Première annonce du conducteur du train « Ennuis techniques, cinq minutes d'arrêt ». Les voyageurs, agacés, jettent un coup d'œil à leur montre. « Dix minutes d'arrêt… ». L'attente s'éternise, on commence à se demander ce qui a bien pu arriver... Arrive enfin l'explication : « Interruption du service pour cause de coupure de courant. Nous évacuons les voitures ».

Il faut alors regagner les stations ! A tâtons, en file indienne, les voyageurs partent en direction des quais. Sans trop de panique, ils s'entraident, rattrapent les maladroits qui trébuchent sur les rails… et parviennent sans dommage à la station la plus proche, avant de se ruer dehors, sur les conseils de la voix qui retentit dans les couloirs : « Tout le monde dehors, nous fermons les grilles ».

A 10 heures, alors que tout le monde a refait surface et cherche un moyen de se rendre sur son lieu de travail, un attroupement inhabituel se fait devant les bureaux de tabac. En plusieurs endroits, la circulation déjà difficile s'en trouve complètement bloquée ! Les joueurs du Loto, venus en nombre, patientent depuis bientôt deux heures pour que l'enregistreuse électrique valide leurs bulletins pour le tirage prévu le soir-même. Il faut dire qu'il s'agit de la « super-cagnotte des étrennes » !

La première ligne du métro parisien a été ouverte au public le 19 juillet 1900. Aujourd'hui, quatorze lignes entièrement électrifiées desservent la capitale.

. . . La Belgique en avance d'une innovation.
Les Français n'ont qu'à mieux se tenir . . .

Ménagère préparant le repas sur une cuisinière électrique.

A boire et à manger

Le 7 janvier 1982, une douzaine de ménagères belges sont réunies pour une enquête approfondie, organisée à la demande d'EDF. Il s'agit simplement de comprendre pourquoi leur consommation d'électricité est tellement plus développée que celle des Françaises.

Premier constat : les douze femmes, réunies de façon aléatoire pour le sondage, ont un point commun. Elles sont toutes remarquablement équipées en matériel électroménager. L'une d'elles, Madame Keuleneer, qui vit à Bruxelles, bat même des records : quand on l'interroge sur le nombre d'appareils qu'elle possède, elle répond en toute innocence « quatre vingt un » !

Remplaçant progressivement les cuisinières à gaz et à charbon, la cuisinière électrique s'est généralisée à partir des années 1950.

Parmi tous les objets, c'est la cuisinière électrique qui provoque le plus d'émoi parmi les Belges. Sa simple évocation provoque une vive animation dans l'assistance. On ne s'entend plus ; les ménagères parlent toutes en même temps, énumérant les innombrables qualités de la machine : « C'est propre », « On ne rate rien avec une cuisinière électrique », « C'est économique »…

Mais la question de la cuisinière n'est pas celle qui passionne le plus les animateurs. Leur objectif est plutôt d'expliquer pourquoi les femmes belges utilisent davantage les appareils électriques que leurs voisines françaises…

D'abord timides, les ménagères n'osent affirmer trop haut leur avant-gardisme. Puis, les réserves s'effacent et les réponses fusent de toutes parts : « Nous sommes plus modernes que les Françaises », « Le progrès est bien plus avancé en Belgique »… De tous ces avis, c'est sans nul doute celui de Madame Vilanoy, propriétaire d'un commerce d'alimentation à Bruges, qui va le plus étonner par sa franchise : « Le Belge gagne plus facilement sa vie et dépense plus facilement son argent que le Français qui, lui, préfère le vin ».

• • • Un seul mot d'ordre : « l'électricité doit passer ». Pour tous, quelle que soit la ville, quel que soit le continent • • •

Aujourd'hui, avec l'aide d'EDF, le réseau électrique sud-africain atteint les townships de la banlieue du Cap, comme celui de Khayelitsha.

A droi
Des formations sont dispensées aux adul
pour leur apprendre le fonctionnem
du réseau et des appareils électriqu

Le cap de l'électrification

Afrique du Sud, août 1995. Vingt-trois millions de personnes vivent sans lumière. Pour remédier à cette situation, le président Nelson Mandela lance un vaste programme d'électrification. Electricité de France est l'une des premières à répondre à l'appel…

En Afrique du Sud, seules les grandes métropoles telles que Le Cap, « la ville-mère » des Afrikaners, bénéficient de l'électricité. Quant aux banlieues, constituées essentiellement de bidonvilles, elles ne sont reliées que très lentement au réseau.

C'est dans ce contexte qu'est créée une grande compagnie nationale d'électrification, baptisée Phambili Nombane - ce qui signifie « en avant pour l'électricité » en langue xhosa. En association avec Eskom, la société sud-africaine d'électricité, et la britannique East Midlands Electricity, EDF est chargée par Nelson Mandela de coordonner les actions de Phambili Nombane.

L'une des priorités est alors l'éducation de la population. Pour cela, des réunions sont régulièrement organisées. Comme aujourd'hui : dans un hangar plutôt sombre, une centaine de personnes sont assises par terre ou sur des bancs. L'assistance, en majorité composée de femmes, la plupart mères de famille, est silencieuse et attentive. Ayanda Noah, une jeune femme missionnée par la compagnie, prend la parole. Debout derrière une table, elle explique en xhosa comment se servir d'un fer à repasser électrique. Puis, elle montre une plaque chauffante, qui permet de cuire les aliments.

Les premières réactions, dubitatives, ne se font pas attendre : « Peut-on se chauffer à la maison avec des plaques ? », « Les plaques chauffent-elles aussi bien que le bois ? ». Ayanda sourit, mais ne perd pas patience. Elle sait que le chemin de la lumière est long, et qu'il lui faudra faire oublier bon nombre d'idées reçues…

...Il suffit de tendre

la main vers un interrupteur

et le miracle s'accomplit.

Si l'électricité est aujourd'hui

docile et abondante,

c'est grâce aux hommes.

Ceux qui ont construit

les barrages, les centrales

et les réseaux, ceux qui

imaginent chaque jour de

nouvelles sources d'énergie.

Pour que le miracle

continue...

4 La maîtrise des énergies

• • • Au début du XIXe siècle, le minuscule village de Larderello devient en quelques années l'un des plus modernes du monde • • •

Larderel, les débuts de la géothermie

La géothermie, exploitation de la chaleur interne du sol, est l'une des énergies renouvelables les plus prometteuses. Mais personne ne décide de l'emplacement des sources d'eau chaude. Par exemple, Larderello, petit village de Toscane, en Italie, n'aurait jamais dû connaître une telle destinée…

Au début du XIXe siècle, l'ingénieur français François de Larderel quitte son Dauphiné natal pour s'installer en Italie, dans le sillage des troupes napoléoniennes. Sur place, il se penche sur les propriétés particulières des sources d'eau chaude, qui jaillissent de terre à plus de deux cents degrés Celsius. Dès 1827, il a l'idée de remplacer le bois de chauffage par la chaleur issue de la vapeur d'eau. Il peut ainsi faire bouillir à bon marché des chaudrons de boue pour en extraire le bore, un minerai très recherché à l'époque.

A Larderello comme en Islande ou ici en Nouvelle-Zélande, la géothermie est une importante source d'énergie d'appoint.

Malheureusement, la quantité de vapeur naturellement disponible se révèle insuffisante. Pour en recueillir davantage, le savant se lance dans une opération de grande envergure : l'installation de lacs artificiels et de forages très profonds. Et pour la première fois, on produit de l'énergie géothermique à des fins industrielles !

Le génie de Larderel est aussitôt applaudi par le grand duc de Toscane, Léopold II. Pour récompenser le scientifique, ce dernier lui donne le titre de Comte de Montecerboli. En son honneur, l'endroit est même rebaptisé… Larderello !

En 1904, la ville fondée par le savant français entre définitivement dans l'histoire. Le Prince Ginori-Conti reprend l'expérience de Larderel et parvient à allumer quatre lampes à incandescence, grâce à une turbine actionnée uniquement par de la vapeur d'eau ! Larderello devient alors le tout premier site géothermique producteur d'électricité…

A gauche :
Larderello est une petite ville de Toscane, près de Sienne, en Italie.

. . . Plus la température baisse et plus les ressources augmentent. L'énergie de la houille blanche semble inépuisable . . .

La fin du XIXe siècle voit les débuts de l'énergie hydraulique.

Houille, houille, houille…

A la fin des années 1880, l'ingénieur français Aristide Bergès décide d'exploiter une source d'énergie en vogue et pour laquelle les ingénieurs français sont réputés être les meilleurs du monde : l'énergie hydraulique. Grâce à sa souplesse, sa simplicité d'utilisation et son faible prix, elle paraît toute indiquée pour fournir de l'électricité…

Conseiller municipal de Grenoble, ingénieur et industriel, Aristide Bergès s'attache dans un premier temps à généraliser l'usage de la lumière électrique, « facteur de civilisation chez l'individu, dans la famille, dans la commune »…

Aristide Bergès (1833-1904) souhaitait exploiter la formidable réserve d'énergie hydraulique des glaciers, la « houille blanche ». En 1925, sa ville de Grenoble accueille l'Exposition Internationale sur la houille blanche.

Scientifique reconnu, il surprend tout de même le public de l'Exposition universelle de Paris de 1889, quand il utilise l'expression de « houille blanche » pour désigner la force motrice qu'il est possible de dégager des glaciers alpins, par la création d'immenses chutes d'eau de cinq cents à deux mille mètres de hauteur. Il illustre son propos par la reproduction en miniature de la chute qu'exploite sa papeterie à Lancey, près de Grenoble.

Sur le stand des Usines Bergès de l'Exposition, il explique son projet de captation des eaux du lac Crozet, à deux mille mètre d'altitude, pour créer une chute artificielle de cinq cents mètres ! Et emporté par son imagination, il résout définitivement les problèmes électriques du pays grâce aux centaines de ruisseaux identiques, tout aussi facilement exploitables !

Dans ce cas, explique t-il, « les glaciers ne sont plus des glaciers, c'est la mine de la houille blanche à laquelle on puise ». Source éternelle et gratuite, Bergès est persuadé d'avoir trouvé là la meilleure manière d'exploiter de l'énergie… Il recevra d'ailleurs, en 1900, lors de l'Exposition universelle de Paris, la médaille d'or du Génie Civil. Ce révolutionnaire de l'énergie n'en mérite pas moins !

. . . Dominer les eaux en furie des chutes du Niagara. C'est le rêve insensé de deux hommes d'exception . . .

Les chutes du Niagara, entre les lacs Erié et Ontario, à la frontière des Etats-Unis et du Canada, est l'un des plus importants centres de production hydroélectrique du monde et l'un des hauts-lieux du tourisme américain.

Niagara : le grand défi

Dompter les mythiques chutes du Niagara, voilà un projet démesuré, prompt à enflammer les esprits. Un défi auquel s'attaque dès 1893 l'inventeur et industriel américain George Westinghouse, aidé par les plus grands financiers de l'époque, dont le fameux baron de Rothschild…

« Un ouvrier mort rôti ! », « Un martyr de plus », « Un cadavre dans les fils ». A chaque accident sur l'immense chantier du Niagara, la presse américaine n'épargne pas George Westinghouse. Celui-ci est désormais affublé d'un cruel surnom : « L'assassin électrique ». C'est dire à quel point l'aménagement hydroélectrique des chutes du Niagara suscite la plus vive controverse de l'autre côté de l'Atlantique !

Les travaux commencent en 1893. Westinghouse, sur les conseils du brillant ingénieur Nikola Tesla, tente un pari audacieux : imposer la production de courant alternatif sur ce gigantesque projet. Voilà qui est risqué, puisque les théories du grand Thomas Edison, très populaires à l'époque, prônent l'utilisation exclusive du courant continu. Il faut dire que les deux hommes sont de farouches concurrents. Et nul n'ignore que Nikola Tesla travaillait il y a peu avec… Edison lui-même.

En effet, dix ans auparavant, Tesla a mis au point le premier moteur à courant alternatif. Renonçant à convaincre Edison, il a fini par le quitter, avant de vendre ses brevets à Westinghouse. Celui-ci ayant testé avec succès l'invention lors d'une exposition à Chicago, il opte pour l'alternatif dans sa centrale hydroélectrique du Niagara.

Malgré quelques accidents, fortement médiatisés, l'aménagement des chutes s'avère être une réussite technique exemplaire. En 1896, soit trois ans après le début des opérations, l'installation de la première chute est achevée : elle alimente à elle seule la ville de Buffalo… et soulève l'enthousiasme de la presse !

George Westinghouse (1846-1914),
l'homme qui, en 1896, a dompté les chutes du Niagara.

. . . Cet homme peut-il être entièrement mauvais ? C'est le pire cauchemar des patrons . . .

Le 7 mars 1907, Paris est plongée dans le noir par une grève générale des électriciens. Mais la soirée doit continuer et les restaurateurs parisiens déploient des trésors d'inventivité pour le plaisir de leurs clients.

Une grève… éclairante

La première grève de l'électricité en France a lieu en 1907. A la tête du syndicat des électriciens Emile Pataud, un homme d'envergure, connu pour ses prises de position sociales et anarchistes. C'est lui qui, le soir du 7 mars, décide de plonger la Ville-Lumière dans l'obscurité…

Depuis plusieurs années, les électriciens de la Confédération Générale du Travail (CGT), emmenés par le « Roi Pataud », n'ont de cesse de réclamer des avantages sociaux plus conséquents. Simultanément, ils dénoncent le « trust de l'électricité » des sociétés Schneider et Sartiaux. Alors que les dirigeants ne semblent pas prêts à discuter, le syndicat décide de frapper les esprits par un coup d'éclat.

Le soir du 7 mars, un mot d'ordre de grève est lancé, aussitôt suivi par une majorité d'électriciens. Le résultat est spectaculaire : la capitale est privée d'électricité. Très vite, les Parisiens se précipitent dans les magasins, et bientôt les stocks de bougies sont dévalisés. Les théâtres, ne pouvant assurer un spectacle sans lumière, n'ont guère d'autres choix que de rembourser les spectateurs malheureux et de fermer leurs portes. Paris privé de théâtre : du jamais vu depuis la Commune trente-six ans plus tôt !

Dans les rues, chacun s'organise comme il peut et les restaurants rivalisent d'ingéniosité pour attirer les Parisiens. Là, un cabaretier ressort des bouteilles de champagne vides et y plante des bougies, proposant une ambiance doucement romantique à ses clients. Un peu plus loin, à la brasserie Pousset à la Madeleine, on accroche en hâte des guirlandes de lanternes vénitiennes aux couleurs multicolores. « Tiens ! Le 14 juillet ! » s'esclaffe un cocher jovial…

Devant le siège de la CGT, un petit groupe d'électriciens discute avec des journalistes venus glaner quelques informations. « Pourquoi, demande l'un d'eux, déclarer la grève avant toutes négociations ? Pourquoi prendre en otage la population ? » Et les ouvriers de répondre en chœur : « Pour éclairer la situation, mon ami ! »

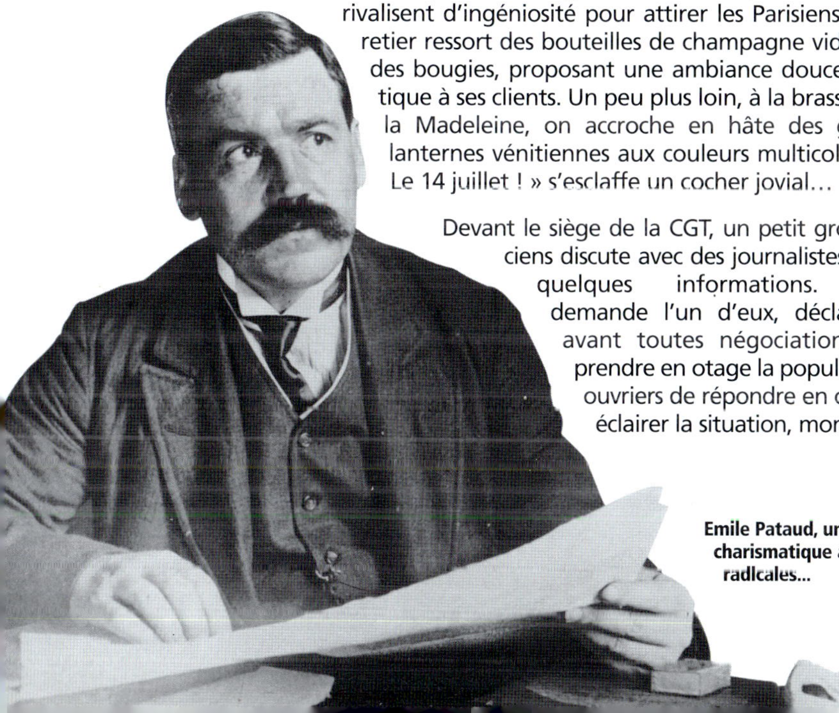

Emile Pataud, un syndicaliste charismatique aux méthodes radicales…

• • • **A** priori, rien ne prédestinait l'Islande à devenir un pays producteur de bananes. A priori • • •

A partir de 1925, la capitale Reykjavik et toute l'Islande connaissent un rapide essor grâce à la géothermie.

L'Islande a la banane

Exploitation de la chaleur interne du sol, la géothermie s'avère une technique prometteuse. L'Islande, située à moins de trois cents kilomètres du Groenland, s'appuie très largement sur ce type d'énergie. L'abondance des sources chaudes lui permet de développer quelques cultures assez inattendues…

Au début du XIXe siècle la ville de Reykjavik est recouverte de fumée et de poussière de houille. La rigueur du climat de l'Islande, oblige la population à se chauffer plus de onze mois par an. Et comme le pays ne dispose d'aucune ressource en combustibles fossiles, elle doit se rabattre sur la tourbe.

Il devient crucial et même vital de trouver une solution à ce problème pour éviter de grandes difficultés économiques. À partir de 1925, les sources d'eau chaude sont utilisées pour la culture de fruits et légumes en serre. Puis en 1928, des forages aux alentours de Reykjavik permettent un développement rapide de cette énergie. L'aventure ne fait que commencer !

Du point de vue technique, l'œuvre des Islandais en matière de géothermie est gigantesque : des kilomètres de tuyauterie, des stations de pompage et des réservoirs stockant des milliers de mètres cube d'eau chaude alimentent l'île. En Islande, les villes et les villages se développent autour des sources d'eau chaude. Reykjavik, capitale de l'Islande, est chauffée à quatre-vingt pour cent par la géothermie.

Celle-ci réserve d'ailleurs d'autres avantages : l'utilisation combinée de l'eau chaude et de turbines à vapeur pour chauffer et éclairer ses nombreuses serres permet notamment à l'Islande d'être l'un des premiers producteurs… de bananes en Europe !

En Islande, la géothermie permet toutes sortes de cultures sous serre… y compris celle de fruits tropicaux comme la banane !

• • • Le décompte approche de son terme : plus que quelques heures avant que la Corse sombre dans l'obscurité • • •

En 1945, la ville de Bastia et tout le nord de la Corse sont passés tout près d'une grave coupure de courant.

La bataille électrique de Bastia

En 1945, la France est fréquemment plongée dans le noir. Difficultés d'approvisionnement, usines détruites par l'occupant, réseau vétuste... le courant électrique peine à parcourir le pays. Dans l'Ile de Beauté, la situation est encore plus préoccupante. Et à Bastia, le personnel de l'usine électrique se bat jusqu'au bout pour un peu de lumière...

En février 1945, toute la ville de Bastia, reçoit son électricité d'une seule centrale thermique. Le 8, la panne d'une des deux chaudières provoque un véritable effroi. En effet, la deuxième chaudière, extrêmement vétuste, commence elle aussi à donner des signes de faiblesse !

Les ouvriers de l'usine électrique, dirigés par leur chef Joseph Campana, saisissent toute la gravité de la situation. Il s'agit de réparer, au plus vite, le moteur endommagé, sans quoi le nord de l'île va manquer de lumière sous peu.

Tous se mettent immédiatement à l'œuvre, sans ménager ni leur temps ni leur peine. L'intervention requise pour la remise en état du moteur est d'autant plus délicate qu'elle demande de travailler sans relâche.

Pendant trois jours entiers, les ouvriers bastiais se relaient. Pour eux, la journée de travail n'est plus de neuf heures, mais plutôt du nombre d'heures qu'il est humainement possible de supporter dans de si dures conditions. De plus, en situation de guerre, les pièces de rechange sont difficiles à trouver. Faute de mieux, les ouvriers sont contraints de les confectionner eux-mêmes !

Le 11, alors qu'ils touchent au but, la hâte de terminer les pousse à doubler leur journée de labeur d'une nuit de travail supplémentaire. Leurs efforts sont récompensés : la chaudière se remet en marche. C'est un véritable exploit : le même moteur était déjà tombé en panne en 1932, et il avait fallu un mois à un ingénieur britannique pour le réparer. Joseph Campana et son équipe n'ont mis que trois jours !

Centrale thermique en Corse.

...Que les coupures d'électricité soient fréquentes, soit. Mais si on ne peut plus s'amuser...

Juillet 194
les habitan
de Cherbou
accueille
chaleureuseme
les solda
Américair

La guerre à la bougie

Au terme de la Seconde Guerre mondiale, la France est un pays ruiné. Pillée, détruite, elle est également privée d'électricité, énergie indispensable à sa reconstruction. Mais si les Français acceptent de patienter jusqu'au retour de la lumière, leur compréhension a des limites…

Hiver 1945. Dans son édition du 4 décembre, *Le Figaro* publie une photo de l'aide sociale de l'armée américaine servant de la soupe à de jeunes écoliers parisiens… Epuisés par quatre années de privations, comprenant mal la persistance du rationnement, les Français souffrent aussi cruellement du froid. Pendant la guerre, les coupures d'électricité étaient fréquentes et la distribution, encore irrégulière, est fermement contrôlée.

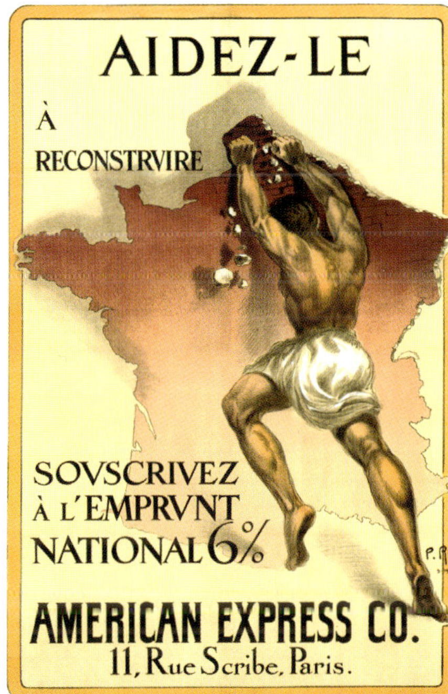

La reconstruction de la France passe par une mobilisation de toutes les énergies.

Alors que le charbon et le bois de chauffage disponibles sont cruellement insuffisants, le chauffage électrique est désormais interdit dans l'Hexagone. Mesure dissuasive extrême : les contrevenants se voient infliger des amendes !

Les boutiques, les restaurants, les salles de café et de spectacle ne sont plus chauffés. Coûte que coûte, le pays se doit d'être solidaire. Le mot d'ordre, ainsi que le martèle le Général de Gaulle dans ses discours à la radio, est « abnégation et courage ».

Mais la population est mécontente. Le gouvernement est accusé d'être responsable de la pénurie. Les plaintes s'accumulent, à Paris par exemple, où les coupures d'électricité interviennent désormais par roulement, selon les jours de la semaine : jeudi et samedi de 8h30 à 12h30, mercredi et vendredi de 12h30 à 17h30.

C'est alors que le nouveau Ministre de la Production Industrielle, Marcel Paul, reçoit une demande inhabituelle. Les patrons de boîtes de nuit de Montmartre souhaitent être reçus en délégation. Dans son bureau, ils lui exposent les raisons de leur mecontentement : les coupures d'électricité nuisent à leur commerce. Aussi, exigent-ils en compensation « un contingent exceptionnel de bougies » !

• • • Le temps est à l'orage dans les débats parlementaires. Et quand Ramadier prend la parole, le ciel lui tombe sur la tête • • •

En 1946 l'Assemblée Nationale est le théâtre de débats mouvementés sur la nationalisation de l'électricité.

Une nationalisation sous tension

Septembre 1945. Alors que la France est libérée depuis peu, le chef du Gouvernement provisoire, le général de Gaulle, propose la nationalisation des entreprises productrices et distributrices d'électricité. Un long débat s'engage, avec pour objectif la création d'Electricité de France…

Depuis la Première Guerre mondiale, un syndicat, la Confédération Générale du Travail, réclame avec insistance la nationalisation du secteur électrique. Les arguments sont multiples : économie des ressources, normalisation des industries électriques indépendantes, etc. Pourtant, dans le gouvernement tripartite d'après-guerre, cette idée est loin de remporter l'adhésion de tous…

En effet, depuis les élections législatives d'octobre 1945, le gouvernement est formé de trois groupes politiques : les communistes, fervents défenseurs de la nationalisation, les socialistes, partagés sur le sujet, et les démocrates-chrétiens du MRP, principaux détracteurs du projet. Quand le Général nomme le communiste Marcel Paul à la tête du Ministère de la Production Industrielle, l'ouverture du débat à l'Assemblée nationale constituante est imminente.

C'est chose faite au printemps 1946. Alors que ses partisans se défilent peu à peu, Marcel Paul tient bon. Le 22 mars s'ouvre la première séance à l'Assemblée, pour laquelle les députés démocrates-chrétiens ont préparé près de cent vingt-sept amendements !

Dans une ambiance pour le moins « électrique », les débats s'engagent avec véhémence. Après plusieurs heures de discussions, c'est désormais à Paul Ramadier, fermement opposé à la nationalisation totale de l'énergie, de prendre la parole à la tribune. Mais lorsqu'il commence son discours, un énorme vacarme l'interrompt brusquement…

Sous les assauts de la tempête qui fait rage au dehors, la verrière du Palais-Bourbon vient d'éclater ! C'est la panique à l'hémicycle ! Les députés dégringolent les marches et se ruent à l'extérieur, laissant la question de la nationalisation en suspens. Le débat est reporté. Paul Ramadier, qui n'aura pu défendre sa position, assistera impuissant à la nationalisation de l'ensemble du secteur de l'énergie…

Paul Ramadier (1888-1961), Ministre du Travail dès 1938 et résistant de la première heure, deviendra président du Conseil en 1947. Il est ici, aux côtés d'Eva Peron, penché sur l'épaule de Julio Victorica Roca, ambassadeur d'Argentine en France.

... La tristesse des villageois, l'inquiétude des enfants. L'émotion d'un village englouti...

Un Hercule géant a été peint sur le barrage de Tignes construit en 1947.

Les barrages cathédrales

Parfois surnommés les « cathédrales des temps modernes », les barrages représentent une source d'électricité indispensable. Pourtant, quand en 1946, Electricité de France annonce la construction du plus grand barrage d'Europe à Tignes, en Savoie, les habitants du village sont loin de partager l'enthousiasme général…

Le projet du barrage de Tignes date de 1929. C'est à ce moment que l'Etat entreprend, au nom du progrès et du bien commun, un chantier hydro-électrique d'une envergure inédite. Délaissé pendant plusieurs années, il reprend vie lorsqu'en 1946, les Français souffrent d'un manque d'électricité, avec des coupures et des restrictions quotidiennes. Or, selon les évaluations des chercheurs, le réservoir de Tignes pourrait offrir soixante-dix pour cent de l'énergie hydraulique nécessaire en France !

Marcel Paul, ministre de la Production Industrielle, déclare alors la construction du barrage d'utilité publique. Mais tandis que les ouvriers affectés au chantier ressentent une fierté légitime à aider au redressement du pays, il n'en va pas de même pour les habitants de Tignes. Car la construction du barrage implique l'engloutissement du village niché au cœur de la vallée…

Impossible, impensable pour eux de voir s'évanouir huit cents ans d'histoire, sous deux cent millions de mètres cube d'eau ! Alors que les visites d'ingénieurs redoublent, la colère des Tignards devient incontrôlable. Sourds aux tentatives d'apaisement d'EDF, qui n'hésite pas à débloquer quatre milliards de francs pour dédommager la population, ils organisent la résistance : sabotage des travaux, procédures judiciaires, pétitions, coups de poing…

Mais que peuvent un demi-millier de villageois contre la volonté de l'Etat ? Le 15 mai 1952, le chantier est achevé. Haut de cent quatre-vingt-un mètres et large de quarante, le « géant de Tignes » est prêt à être mis en service. Quelques jours plus tôt, avant que l'école ne ferme, une écriture d'enfant laisse ces quelques mots sur le tableau noir bientôt englouti : « dernière classe »…

L'amont du barrage, avant la montée des eaux . le village sera bientôt englouti.

• • • C'est une furie aux colères dévastatrices...

Canaliser la Durance ? Et pourquoi pas arrêter le vent • • •

La « capricieuse » domptée

Au XVIIIe siècle, les Provençaux ont coutume de dire que trois dangers menacent leur région : le Parlement d'Aix, le mistral et la Durance. Si le Parlement n'a pas résisté à la Révolution française, si le mistral ne s'arrêtera jamais de souffler, les terribles crues de la Durance ne sont plus aujourd'hui qu'un mauvais souvenir…

Depuis 1955, Electricité de France est maître de la Durance. En effet, à cette date, l'Etat français donne une mission délicate à l'entreprise publique : domestiquer la rivière, afin de régler les problèmes d'irrigation de la vallée, de supprimer ses crues dévastatrices et d'assurer une production hydroélectrique efficace. Autant dire que le chantier est colossal…

Entre 1957 et 1966, EDF construit quinze retenues sur le cours de la Durance entre le Sud des Alpes où elle prend sa source et le Rhône qu'elle rejoint en aval d'Avignon. Ainsi aménagée, la rivière assure une production électrique potentiellement équivalente à celle de deux centrales nucléaires !

Le Canal de Provence construit entre la Durance et l'étang de Berre déleste la rivière de son trop-plein et alimente une vingtaine de canaux agricoles. Même si le contrôle des crues ne peut être total, la « capricieuse » est domptée. Ses eaux captives participent pleinement au développement économique de la région.

Une vieille légende raconte pourtant que, au moment où le Pô, qui s'enfuit vers l'Italie, et la Durance se sont séparés, le premier a dit à la seconde : « Je vais fertiliser les plaines de Lombardie, toi, va dévaster la Provence ». Grâce à la volonté des hommes, la vieille légende a été vaincue. De fléau, la Durance s'est transformée en un véritable don…

gauche :
ménagement de la Durance
supprimé ses crues dévastatrices,
glé les problèmes d'irrigation
la vallée et permis d'accroître
production hydroélectrique nationale…

Les centrales installées sur la Durance fournissent autant d'électricité que deux centrales nucléaires.

...La première usine marémotrice du monde a bien failli être emportée...

Vue aérienne de l'usine marémotrice de la Rance. Quand la marée monte, les turbines changent de sens. Et c'est la mer qui se déverse dans le fleuve.

Le courant de la Rance

Unique en son genre, l'usine marémotrice de la Rance produit l'équivalent de l'électricité nécessaire à deux cent cinquante mille foyers ! Mais si aujourd'hui elle est considérée comme une vraie réussite technique, à ses débuts le pari était loin d'être gagné…

L'idée de construire en France une usine utilisant la force des marées pour produire de l'électricité date de 1921. Mais il faut attendre le début des années soixante pour voir le projet prendre forme. Remplissant toutes les conditions requises, l'estuaire de la Rance, situé sur la Manche entre Dinard et Saint-Malo, est finalement retenu pour accueillir la nouvelle installation. Les travaux peuvent commencer…

Pour des raisons pratiques, il est décidé que l'usine sera construite directement sur place. Encore faut-il parvenir à détourner, le temps des travaux, l'eau entre la Rance et la mer. Chose d'autant plus délicate que les courants sont particulièrement puissants à cet endroit du fleuve… Les meilleurs ingénieurs se penchent sur la question, étudiant les différentes possibilités qu'offre la situation. C'est Albert Caquot, spécialiste de la déformation des matériaux et ancien directeur de l'Académie des sciences, qui trouve la solution.

Celui que l'on surnomme le « Père des ingénieurs français » propose tout simplement d'édifier deux barrages provisoires, l'un côté mer, l'autre côté fleuve. Les premiers mètres ne font aucune difficulté. Mais au milieu de l'estuaire, les courants deviennent beaucoup trop violents ! C'est là qu'intervient le génie de Caquot… Sur son ordre, d'immenses cylindres de béton armé sont apportés. Encastrés tous les vingt et un mètres dans des fondations sous-marines, ils sont lestés avec du sable, avant que les intervalles laissés entre eux ne soient comblés par d'épais madriers.

C'est ainsi qu'en juillet 1963, alors que l'on n'y croyait plus, le barrage est enfin terminé. Encore trois ans de travaux et la première usine marémotrice du monde sera enfin prête à fonctionner !

En haut :
Une turbine de l'usine marémotrice de la Rance.

Un vortex, tourbillon creux produit à proximité des turbines de l'usine.

• • • C'est quand on pense avoir tout prévu que l'on comprend que la nature est définitivement imprévisible • • •

La centrale nucléaire de Paluel, en Seine-Maritime, est intégrée au paysage du pays de Caux.

L'attaque des goélands argentés

L'environnement constitue une priorité pour Electricité de France. Ainsi, lorsque celle-ci construit une centrale nucléaire, on peut être sûr que toutes les précautions sont prises. Toutes ou presque. En 1984 à Paluel, deuxième plus grand site d'exploitation nucléaire de France, un danger inattendu et insolite menace la centrale…

La centrale de Paluel se situe sur les côtes de la région de Haute-Normandie, au cœur du pays de Caux. Dans son souci permanent de respecter l'environnement, EDF a adapté l'architecture de la centrale au site qui l'accueille.

Ainsi, grâce à un jeu de formes et de couleurs, mis en place par les architectes et les paysagistes, les bâtiments se confondent complètement avec les falaises alentours. Mais, en marge de cet aspect esthétique, l'entreprise prend en considération tous les éléments de sécurité inhérents à ce genre d'installation. Pourtant, un cas de figure, jamais répertorié auparavant, n'a pas été envisagé : l'attaque des goélands argentés !

En effet, les fientes de ces grands oiseaux, très nombreux dans la région, attaquent par leur acidité les joints des bâtiments de confinement des réacteurs. Comment régler ce problème insolite ? Les maudits volatiles ont élu domicile à cent soixante mètres de hauteur, sur l'enceinte des réacteurs de la centrale ! Pulvériser des produits chimiques par avion serait beaucoup trop dangereux. Une seule solution : envoyer des hommes tout là-haut…

Voici donc deux alpinistes professionnels, à l'assaut des énormes réacteurs. Leur rôle consiste à stériliser les œufs des deux cent dix-neuf nids perchés au-dessus de la centrale de Paluel. Malgré le vent qui souffle, les prises difficiles et les attaques des goélands qui veulent protéger leurs petits, les deux alpinistes remplissent courageusement leur mission. Après plusieurs ascensions, la centrale est enfin sauvée des oiseaux.

Les goélands argentés, une « menace » d'un genre nouveau…

...Où rencontrer sur terre les conditions extrêmes que l'on connaît dans l'espace ? Dans un four solaire...

Le four solaire de Font-Romeu, construit en 1968, est un centre de recherche du CNRS.

Plus fort que dix mille soleils

Implanté en 1968 par le Centre National de la Recherche Scientifique, le four solaire de Font-Romeu devait permettre, sous le regard bienveillant d'Electricité de France, d'approfondir les recherches sur l'énergie solaire. Quand le projet est abandonné au profit du nucléaire, chacun se demande ce que l'on va bien pouvoir faire du four de Font-Romeu…

C'est un grand projet de l'Agence Spatiale Européenne qui donne une deuxième jeunesse au site de Font-Romeu. L'idée est de construire une navette spatiale capable de s'arrimer à une station en orbite. Le programme débute en 1987. L'un des premiers problèmes à résoudre pour les ingénieurs concerne la résistance du bouclier de protection de la navette Hermès. En effet, les chaleurs extrêmes rencontrées lors du vol nécessitent l'utilisation de matières particulières en céramique. Il faut tester leur résistance.

Mais existe-t-il un endroit où la température puisse égaler celle d'une entrée dans l'atmosphère ? Avec ses trois cents jours d'ensoleillement annuel, Font-Romeu, situé tout en haut des Pyrénées-Orientales réunit toutes les conditions. Là, au détour d'une vallée, se découvrent d'immenses miroirs éblouissants : le four solaire d'Odeillo.

Construit à l'initiative du professeur Félix Trombe en 1968, le four solaire est baptisé : opération « Plus fort que 10 000 soleils ». Les miroirs, articulés sur des vérins hydrauliques, se déplacent selon la position du soleil jusqu'à obtenir la température désirée et ce jusqu'à vingt mille degrés.

C'est ici qu'Hermès confronte son bouclier aux chaleurs les plus extrêmes. Les tests ayant été concluants, la navette est autorisée à prendre son envol… avant d'être abandonnée pour des raisons économiques !

Un système de panneaux mobiles installés sur des vérins concentre les rayons solaires en un point précis du four.

• • • Le sous-sol de la Désirade ne cache aucune source d'énergie. Ses plages non plus. Mais quelques mètres plus haut • • •

L'installation d'éoliennes a modifié en profondeur les conditions de vie sur de nombreuses îles des Antilles. Ici Saint-Barthélemy qui dépend, comme la Désirade, de la Guadeloupe

La Désirade vent debout

Depuis le début des années cinquante, Electricité de France cherche à valoriser les énergies renouvelables. Parmi celles-ci, la force éolienne, propre et efficace, apparaît comme une alternative idéale pour produire de l'électricité. En particulier dans les zones difficilement aménageables, comme l'île de la Désirade…

Avec ses mille cinq cents habitants ramassés sur un minuscule territoire, l'île de la Désirade, près de la Guadeloupe, présente toutes les caractéristiques de la communauté isolée. Faute de budget suffisant, elle doit adopter des solutions précaires pour pallier ses manques. Ainsi, l'île, qui en 1990 n'est raccordée à aucun réseau électrique, se voit obligée d'utiliser des groupes électrogènes fonctionnant au diesel, afin de subvenir à ses besoins énergétiques.

Désireuse, depuis les années 1990 de favoriser le développement des énergies durables, EDF décide alors d'équiper l'île de douze éoliennes. De quoi répondre en partie à ses besoins. Mais, rien n'est simple et un problème inattendu apparaît au dernier moment… le vent !

En effet, les vents alizés, très violents dans cette région, soufflent sans discontinuer sur l'île de la Désirade. Régulièrement, des cyclones se forment et détruisent tout sur leur passage. Faut-il prendre le risque de perdre cette nouvelle installation ?

« Oui », répondent les ingénieurs, qui imaginent une solution tellement novatrice que la centrale assure bientôt le quart de la consommation des habitants de la Désirade. Et quelques année plus tard, une société privée en lien avec EDF vient compléter le site avec huit nouveaux aérogénérateurs qui couvrent désormais l'intégralité des besoins de l'île !

L'invention des ingénieurs ? Après avoir choisi de construire des éoliennes de très petite taille, ils les ont munies d'un système anti-cyclonique, qui leur permet, en cas de tempête, de se coucher rapidement sur le sol !

En haut :
Les éoliennes construites sur l'île de la Désirade par EDF ont la faculté de se coucher au sol en cas de cyclone.

...Des vitamines et de l'énergie. Tout ce qu'il faut pour produire de l'électricité...

Le sucre à l'énergie

Au début du XIXe siècle, les plantations de canne à sucre remplacent celles de café sur l'île de la Réunion. Rapidement, une véritable industrie se met en place, générant un grand nombre d'emplois. Hélas, la crise arrive. Il faut à tout prix trouver un moyen pour faire évoluer ce secteur…

Dans les années 1950, l'entrepreneur Léonus Bénard, fils de modestes planteurs de Saint-Louis, est à la tête d'une des plus importantes industries sucrières de la Réunion. Sous le nom « Les Etablissements Léonus Bénard », sa société, née au début du siècle, regroupe en fait trois usines : Pierrefonds, Les Casernes et le Gol.

Malheureusement pour Léonus Bénard, les difficultés économiques le contraignent, dans les décennies suivantes, à concentrer ses trois sucreries en une seule, celle installée sur le site du Gol. Plusieurs fusions ont encore lieu jusqu'en 1996, date à laquelle la société prend brusquement une nouvelle direction…

La bagasse, résidu végétal de la canne à sucre.

Cette année-là, entre en activité la centrale de la Compagnie Thermique du Gol, créée par une filiale de Charbonnages de France en association avec Electricité de France. Cette centrale a une double vocation : fournir quatorze pour cent de l'électricité nécessaire au réseau électrique de la Réunion et, en premier lieu, alimenter en énergie la sucrerie du Gol… tout en la sauvant du naufrage économique !

En effet, la centrale du Gol est conçue pour pouvoir transformer la bagasse en énergie. La bagasse, qui est le résidu de canne à sucre produit par la sucrerie du Gol ! C'est ainsi que pendant les six mois de récolte, le charbon utilisé à la centrale est remplacé par la biomasse locale, déchet de la sucrerie voisine…

A gauche :
Un champ de cannes à sucre en fleur, sur l'île de la Réunion.

• • • Le barrage des Trois-Gorges n'est pas un projet pharaonique. C'est bien plus que cela. C'est un projet chinois • • •

**L'une des célèbres « Trois Gorges », sur le fleuve Yang-Tse.
Le site sera bientôt entièrement noyé derrière le barrage.**

La ligne rouge du fleuve bleu

Pour produire l'électricité nécessaire à sa population, la Chine s'est lancée dans l'un des chantiers les plus fous de l'histoire : apprivoiser le Yang-Tse grâce à un immense barrage. Une construction démesurée qui alimentera en électricité près de cent millions de Chinois.

Pour parvenir au chantier, suivez la ligne rouge… Elle longe le fleuve, disparaît au détour d'une route, mais réapparaît dès l'habitation suivante. A son extrémité se dresse, immense, ce que certains surnomment déjà l'« autre muraille de Chine » : le barrage des Trois-Gorges. Dépassant largement le précédent détenteur du record, Itaipu, sur le fleuve Parana entre le Brésil et le Paraguay, c'est le plus grand barrage du monde.

L'investissement est colossal. En Chine, le réseau électrique peine à satisfaire la consommation de la population. Les coupures de courant sont régulières. Devant cette situation préoccupante, les autorités chinoises décident d'employer les grands moyens en s'attaquant au Yang Tse, le « Fleuve Bleu », troisième plus fort débit du monde, derrière l'Amazone et le Congo.

Débuté en 1992, le chantier ne sera pas terminé avant 2009. Pour en arriver là, il a fallu déplacer des montagnes. Au sens propre : cent trois millions de mètres cubes de roches ont été dynamités par près de vingt-huit mille ouvriers se relayant jour et nuit. Ils travaillent pour l'énergie de leur pays, mais aussi pour lutter contre les inondations qui, trop souvent, ravagent la région. Une région dont le paysage va être largement modifié.

Car, en se promenant sur les rives du fleuve bleu, tout au long des six cents kilomètres qui relient la ville de Chongqing au barrage des Trois-Gorges, sur les immeubles comme sur les petites habitations, court cette ligne rouge. Elle indique tout simplement… le futur niveau des eaux !

Environ deux-cent cinquante mille ouvriers et ingénieurs sont impliqués dans le projet de barrage des « Trois Gorges », prévu pour être terminé en 2009.

• • • Les pieds dans le désert, la tête dans les étoiles • • •

Ayers Rock, la montagne sacrée des aborigènes, ne sera bientôt plus le point culminant (867 mètres) du bush australien.

Un peu plus près du Soleil

« Solar Tower ». Un titre de science-fiction pour un projet pourtant bien réel. Dans le désert australien s'élèvera bientôt la plus grande construction de l'histoire : une spectaculaire tour solaire. Un dessein pharaonique, né dans l'imagination de chercheurs allemands et qui a failli ne jamais voir le jour…

L'histoire de la tour solaire d'Australie débute en 1982 à Manzanares, dans le sud de l'Espagne. La technique est inédite : l'air ambiant chauffé par des panneaux solaires est dirigé vers une immense cheminée de cent quatre-vingt quatorze mètres. L'air chaud se dirige vers le haut et crée un vent artificiel qui fait tourner des turbines construites à la base de la cheminée.

Malgré son efficacité, la technique, plus coûteuse qu'une centrale solaire traditionnelle, ne trouve pas d'investisseurs pour son développement. Ce n'est que vingt années plus tard que l'idée trouve une concrétisation extraordinaire en Australie.

Les autorités du pays cherchent une source d'énergie alternative au charbon. Leurs atouts : de grands espaces, vierges et sans limite, bénéficiant d'un ensoleillement quasi-permanent. Spontanément, ils pensent à cette tour solaire d'Espagne. Mais, pour que la tour solaire soit efficace, il faudrait qu'elle produise plus, beaucoup plus qu'en Espagne.

Différentes hypothèses sont étudiées, et chaque fois la conclusion est identique : le potentiel de la centrale est important, mais il faudrait qu'elle soit plus haute, toujours plus haute, qu'elle atteigne une altitude encore jamais atteinte. Une altitude où les vents sont tels que le sommet serait parfois soumis à des oscillations de plus de dix mètres d'amplitude. Il serait quasiment impossible de s'y tenir debout, et toutes les méthodes de travail devraient être repensées en conséquence…

C'est finalement le projet le plus fou qui est retenu. En 2005, la fantastique construction s'élèvera à mille mètres au-dessus du désert australien, soit plus de trois fois la hauteur de la Tour Eiffel. Et comble du génie, grâce à toute la chaleur emmagasinée le jour, elle produira encore plus d'électricité au clair de lune qu'à midi !

La tour australienne est le projet de tour solaire le plus ambitieux jamais imaginé.

... Elle est la promesse

de tous les possibles.

Chaque jour, chaque seconde,

elle apporte bien-être et confort.

L'électricité est un bienfait,

et la médecine, la communication,

la culture, qui touchent l'homme

dans son intimité, lui doivent

leur évolution. Et l'aventure

ne fait que commencer ...

5 L'électricité au service de l'homme

...Un membre amputé qui s'agite, un mort qui ressuscite. Frankenstein est-il vraiment disparu ?...

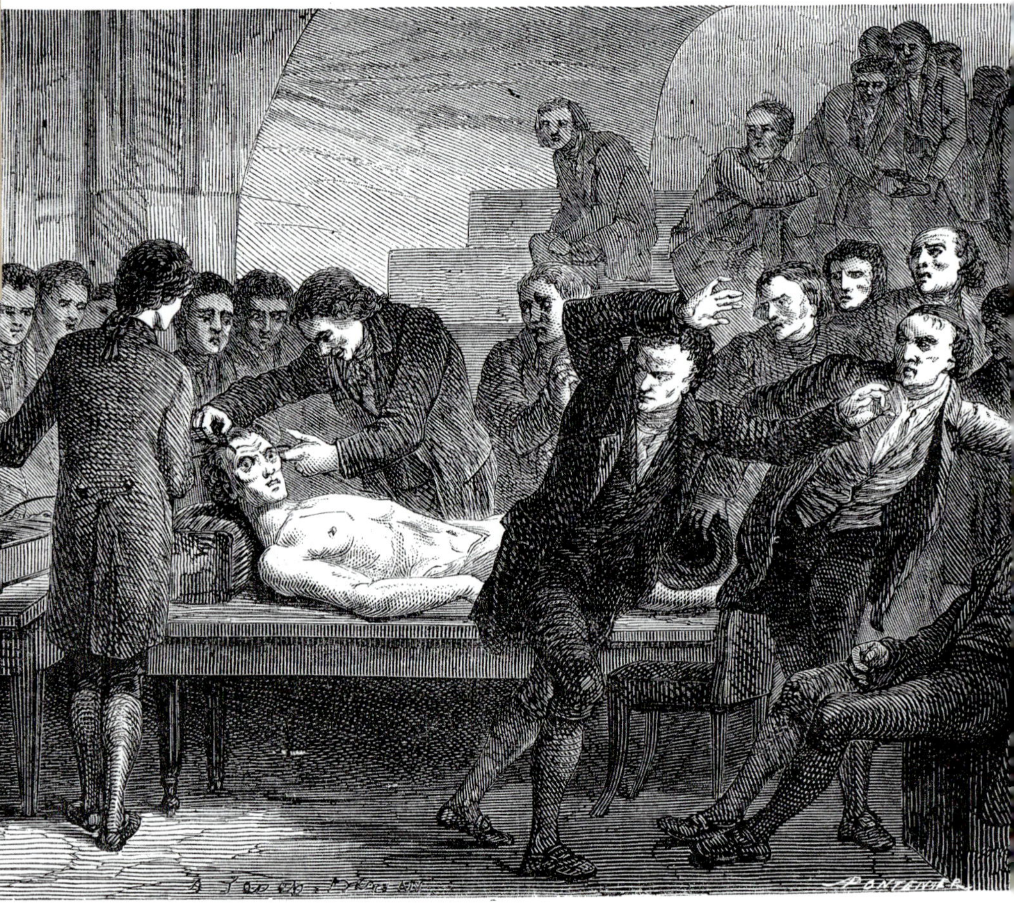

Le docteur écossais Andrew Ure (1778-1857) sème la panique en 1818 en stimulant électriquement un cadavre pour lui donner l'aspect d'un ressuscité.

Les balbutiements de l'électricité médicale

Au XVIIIe siècle, l'engouement pour l'électricité sort du cadre des laboratoires et des salons à la mode pour atteindre les hôpitaux. Des médecins de plus en plus nombreux se passionnent pour cette nouvelle science, multipliant les « expériences » sur le corps humain…

Depuis les découvertes réalisées sur la bouteille de Leyde, les médecins emploient de plus en plus l'électricité pour soigner leurs malades. Un hôpital « médico-électrique » est même créé au couvent des Célestins, à Paris. Dirigé par les meilleurs spécialistes en la matière, l'établissement peine cependant à dégager des résultats probants…

Pourtant, forts de leurs convictions, les médecins n'entendent pas en rester là. Des expériences spectaculaires ont désormais lieu. Ainsi, on multiplie les tentatives de guérison, en testant la vertu électrique sur des corps ou des membres morts. En 1793, Larrey provoque ainsi des contractions musculaires sur une jambe fraîchement amputée…

Quatre ans plus tard, Xavier Bichat va plus loin et « galvanise » des cadavres de suppliciés, quelques minutes seulement après leur exécution. Les expériences, menées devant un public nombreux, n'en finissent pas d'étonner. Quoi de plus surprenant, puisque les médecins excitent les muscles frontaux, ceux des paupières, de la face, de la mâchoire et de la langue, redonnant même le sourire à des cadavres…

Mais tout cela n'est rien à côté de l'épouvante provoquée en 1818 par Andrew Ure, un médecin de Glasgow. A l'aide d'une pile puissante, celui-ci terrifie son assistance, en rendant toutes les apparences de la vie à un assassin, après son exécution ! Il faut dire que depuis la parution de *Frankenstein ou le Prométhée moderne*, par Mary Shelley, quelques mois plus tôt, on craint de voir ce mythe devenir réalité…

En 1793, le chirurgien et baron Jean Dominique Larrey (1766-1842) provoque des contractions musculaires sur une jambe fraîchement amputée.

...Quand la raison vacille, l'électricité est parfois la seule solution...

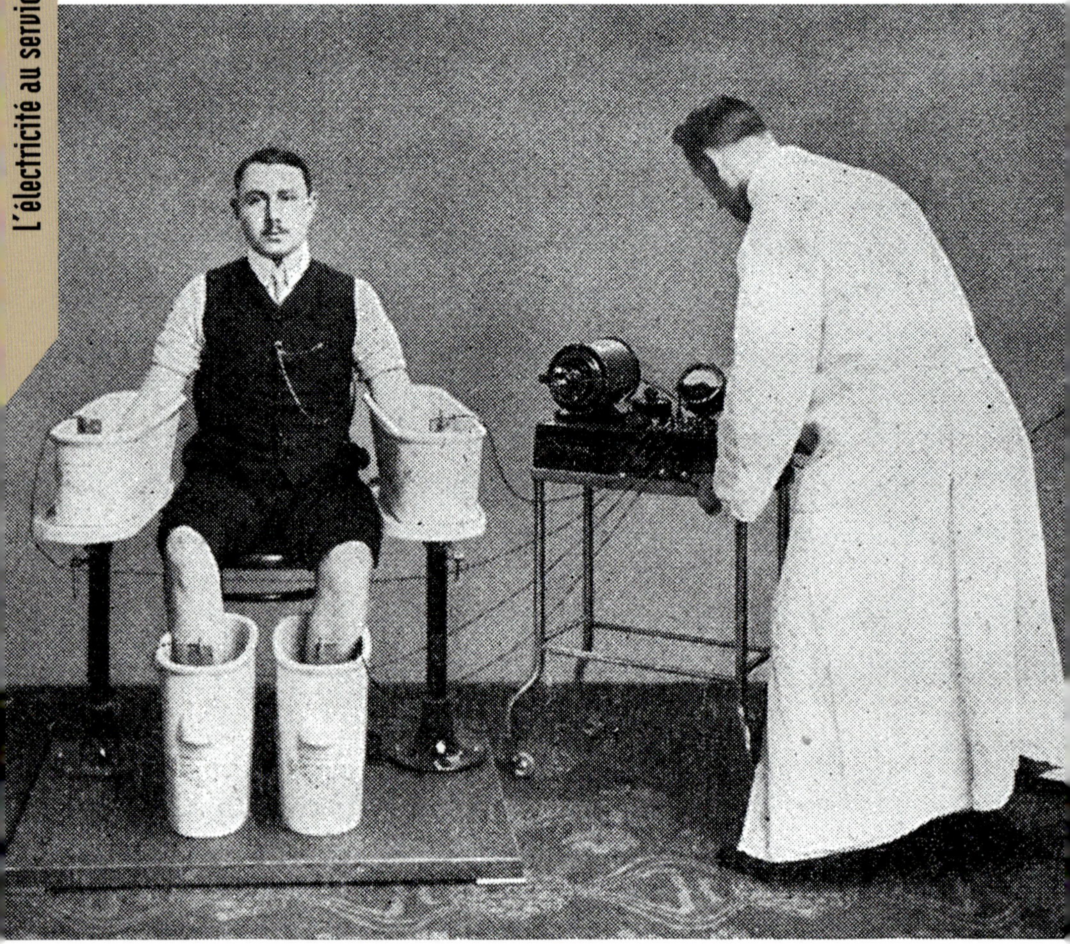

Le traitement d'un patient par électrochoc a été imaginé en 1804 par Jean Aldini, le neveu de Luigi Galvani.

Un traitement de choc

Luigi Galvani, brillant professeur d'anatomie à Bologne, a donné son nom aux effets produits par la pile de Volta sur le corps humain : le galvanisme. Mais s'il a laissé une grande empreinte sur la science, on connaît moins l'apport presque aussi décisif de son neveu, Jean Aldini...

Tout comme son oncle, Jean Aldini est professeur à l'Université de Bologne. Comme de nombreux autres chercheurs de cette époque, il s'intéresse aux vertus de la pile de Volta. Et si, se demande-t-il, ce nouveau moyen de produire de l'électricité avait des propriétés curatives pour soigner les maux des hommes ?

A force d'interrogations, Aldini décide d'expérimenter une nouvelle méthode de guérison : il souhaite « appliquer le galvanisme, non seulement dans la folie, mais encore dans quelques autres espèces de maladie ». En d'autres termes, il se propose d'étudier l'électrochoc, que l'on décrit comme l'utilisation de l'électricité dans certains cas de maladies mentales.

Aldini est également un savant d'une rigoureuse honnêteté professionnelle. Aussi, avant d'appliquer le galvanisme sur ses malades, l'essaie-t-il d'abord sur sa propre personne. De ces expériences, il en résulte que les chocs violents sur le cerveau « amènent, chez certains individus, les changements contraires les plus heureux et les plus inespérés ».

Sa réputation grandissant, on lui amène un jour de 1804 un certain Louis Lanzarini. Louis a un air sombre, un tempérament rêveur et taciturne. Il nécessite un traitement de choc. Aldini entreprend alors de le galvaniser, à l'aide d'une pile d'une centaine de volts. D'abord hésitant, il se résout ensuite à appliquer le courant directement à la tête du malade. Le succès de l'expérience est aussi complet que fulgurant : l'état du malade ne cesse de s'améliorer, et sa mélancolie disparaît ! Aldini devient le précurseur de cette technique prometteuse, l'électrochoc...

Luigi Galvani (1737-1798) a découvert les liens entre le système nerveux et l'électricité. Il a donné son nom aux effets produits par la pile de Volta sur le corps humain : le galvanisme.

• • • L'assassin croyait être le plus malin. Mais la police londonienne a toujours été à la pointe de la modernité • • •

C'est la description, transmise grâce au télégraphe, de l'habit traditionnel des quakers (à droite) qui permet d'identifier l'assassin de Slough.

La justice du télégraphe

Mis au point en 1832 par l'Américain Samuel Morse, le télégraphe se lance bientôt à la conquête du monde. Dès son apparition, il bouleverse en effet définitivement les notions de distance, d'information et donc de communication. Néanmoins, les usagers britanniques demeurent sceptiques quant à la réelle utilité de cette découverte…

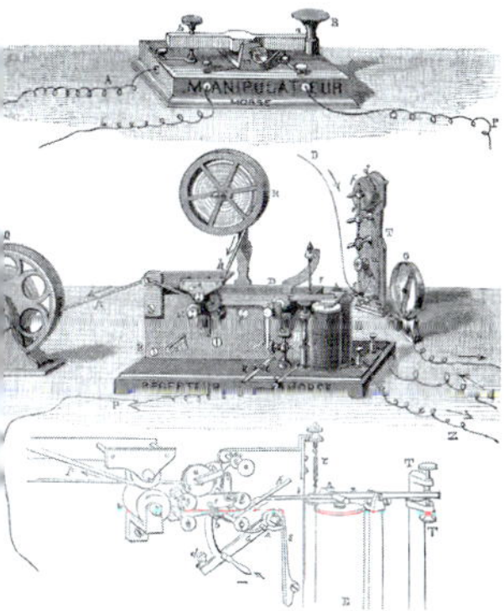

Le mécanisme du télégraphe de Morse.

Tandis qu'Outre-Atlantique, les Américains expérimentent avec enthousiasme la trouvaille de Samuel Morse, les Anglais, quant à eux, découvrent le télégraphe réinventé par William Cooke et Charles Wheatstone.

Dès 1839, la ligne télégraphique suit les chemins de fer britanniques, en particulier sur les voies de la Great Western Railway à l'ouest de Londres. A grands renforts de publicité, le nouveau moyen de communication attire une population anglaise un temps méfiante, qui finit par accepter de payer un shilling pour visiter les bureaux des opérateurs. Mais quand le télégraphe se met au service de la police, c'est toute une communauté qui s'extasie devant la nouvelle technique !

Un matin de 1845, dans la petite ville de Slough, une femme du nom de Sarah Hart est retrouvée morte, assassinée à son domicile. Le coupable, un certain John Tawell, aperçu en train de fuir, est rapidement identifié. Mais en arrivant à la gare de Slough, la police apprend qu'il vient de prendre un train pour Londres : comment retrouver l'homme s'il décide de se cacher dans l'immense capitale anglaise ?

Aussitôt, les enquêteurs se ruent vers l'opérateur du télégraphe, afin qu'il transmette le signalement à Londres : on informe ainsi la gare londonienne de l'arrivée imminente d'un meurtrier, vêtu comme un « kwaker » (la lettre Q n'existant pas dans l'alphabet Cooke-Wheatstone). Dès la réception du message, et après qu'un enfant lui ait suggéré que le « kwaker » désignait peut être un simple quaker, le télégraphiste de Londres se hâte de trouver un détective. Arrivé à temps pour reconnaître le meurtrier, celui-ci le suit jusque dans une taverne, où il l'arrête aussitôt pour le meurtre de Sarah Hart…

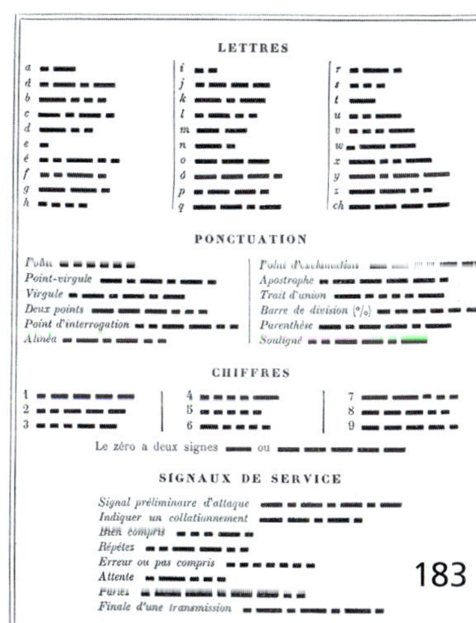

L'alphabet du télégraphe de Morse. Chaque lettre est remplacée par une succession de traits et de points qui traduisent des impulsions électriques plus ou moins brèves dans le télégraphe.

…Il avait pêché un objet fabuleux, un trésor inestimable… Une tragique méprise ?…

L'algue d'or

En 1850, un pêcheur de Calais rentre triomphant de sa sortie en mer. Dans son filet, la prise est fantastique : il annonce avoir remonté « comme un morceau d'algue marine dont la partie centrale est remplie d'or »...

Pour l'Exposition de 1851, les marins anglais installent un câble télégraphique sous-marin entre la France et le Royaume-Uni. Ici une illustration de la remontée du câble transatlantique sur le Great Eastern en 1865.

Au milieu du XIXe siècle, les communications se développent grâce à l'électricité. Les premiers fils de télégraphe sont aériens et permettent de transmettre rapidement des informations sur de longues distances. Mais la Grande-Bretagne reste isolée du continent : le câble du télégraphe ne résiste pas à la corrosion de l'eau de mer.

C'est pourtant Londres qui doit accueillir en 1851 la première Exposition universelle. Et en guise de symbole de la fraternité entre les peuples, les organisateurs ont annoncé qu'à cette date, la France et l'Angleterre seraient reliées par un câble sous-marin. Si l'intention de rapprocher les deux peuples est louable, le but de l'opération est en réalité strictement mercantile : connecter la City londonienne à la Bourse parisienne...

Traverser la Manche ne pose plus de problèmes techniques. Une invention de l'Allemand Werner Siemens garantit la parfaite isolation du câble. Le technicien anglais Jacob Brett a pu finaliser le projet et procéder à son installation entre Douvres et Calais, par le navire à vapeur anglais Blazer. Malheureusement, la première tentative de communication a tourné court...

C'est en effet un bout de ce câble qu'a remonté le pêcheur de Calais qui croyait avoir mis la main sur une nouvelle espèce d'algue. Intrigué, le marin en a coupé un morceau. En l'ouvrant, il a découvert une matière brillante qu'il a prise pour de l'or ! Il ne s'agissait que de cuivre. A défaut d'avoir trouvé une algue d'or, il a retardé de quelques semaines la liaison entre Calais et Douvre. Pas suffisamment cependant pour empêcher le câble trans-Manche de triompher lors de l'inauguration de l'Exposition universelle...

gauche : L'Exposition universelle de 1851 à Londres est l'occasion de vraies prouesses technologiques.

• • • Etrange et familière, illuminée la nuit comme en plein jour : l'avenue de l'Opéra • • •

L'avenue de l'Opéra éclairée par les lampes Jablochkoff.

L'opéra sous les feux de la rampe

Dans une fin de siècle résolument portée vers le modernisme, le russe Jablochkoff dépose en 1876 le brevet de sa bougie électrique. C'est une véritable révolution, et l'on voit alors poindre une nouvelle forme d'éclairage, menaçant le gaz et le pétrole. A Paris, on décide de tenter l'expérience…

3 mai 1878. Sur la prestigieuse avenue de l'Opéra, dans le premier arrondissement de la capitale, promeneurs et curieux se pressent pour admirer ce dont parle déjà la ville entière : l'éclairage électrique ! Sur toute la longueur de l'artère, trente-deux candélabres électriques ont été disposés, seize de chaque côté de l'avenue…

Huit heures du soir, le spectacle commence ! Les trente-deux globes de verre émaillé s'allument tous ensemble. Tout autour d'eux, une clarté puissante est projetée sur plusieurs mètres. Blanche et douce, elle rappelle un beau clair de lune. La foule est unanime : auprès des nouveaux luminaires, les becs de gaz font l'effet d'une lampe sinistre et rougeâtre, et les rues voisines de l'avenue de l'Opéra, ainsi éclairées, semblent plongées dans la pénombre !

Pareille impression s'est déjà produite à Paris, quelques soixante ans auparavant, quand, le premier janvier 1819, la place du Carrousel a accueilli les premiers réverbères à gaz. Partout alors on s'est émerveillé devant leur éclat qui faisait pâlir la lumière des antiques éclairages. C'est maintenant au gaz de s'effacer devant la Fée électricité !

Pour supporter tant de bouleversements techniques, l'avenue de l'Opéra a subi de radicales transformations. De chaque candélabre s'échappent ainsi sept fils conducteurs, enfouis, sous les trottoirs, et protégés par des tuyaux. Mais pour réaliser un tel circuit, les ouvriers de la compagnie Jablochkoff n'ont eu d'autre choix que de scier l'ensemble des arbres de l'avenue. Ainsi, c'est à cause d'une avancée technique sans précédent que l'avenue menant à l'Opéra Garnier est désormais la seule de la capitale sans arbre…

La bougie et la lampe électrique de Jablochkoff datent de 1876.

Bougie Jablochkoff.

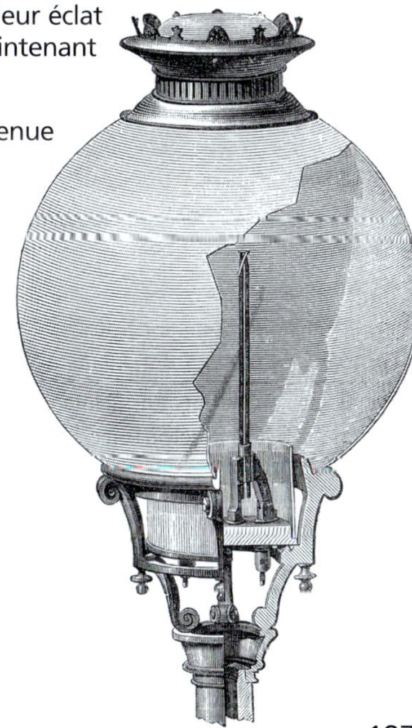
Lampe Jablochkoff.

• • • **L**e village de Magnet vivait comme dans un rêve.
Mais toute chose a un prix • • •

A la fin des années 1930, le Syndicat Intercommunal d'Electrification de l'Allier met des appareils électriques à la disposition des habitants de Magnet. Ici, un habitant utilisant une scie électrique.

L'expérience de Magnet

L'électrification de la France au début du XXe siècle n'est pas chose des plus aisées, en particulier dans les zones rurales. Ce n'est pas que les habitants de ces régions soient réfractaires au progrès. Ils attendent simplement qu'on parvienne à les convaincre de sa nécessité…

A la fin des années trente, une grande majorité des foyers français n'est pas encore reliée au réseau électrique. C'est alors que le Syndicat Intercommunal d'Electrification de l'Allier a une idée de génie pour en faire la promotion : il décide d'électrifier tout un village et de mettre des appareils, domestiques et industriels, à la disposition de ses habitants !

Outillages agricoles, cuisinières, fers à repasser, sèche-cheveux, tout leur est offert ! Seule leur consommation en électricité est à leur charge. Mais attention ! Il ne s'agit pas d'une offre illimitée. Celle-ci n'est valable que pour une période de dix-huit mois. Une fois ce temps écoulé, il faudra tout rendre…

C'est la petite commune de Magnet qui est finalement choisie. La population, d'abord méfiante, se laisse finalement convaincre par la quasi-gratuité de l'offre. Et plus des trois quarts des habitants acceptent de participer à l'expérience. C'est ainsi qu'en août 1939, Magnet devient le village le plus moderne de France ! Et en cette époque de guerre, où beaucoup d'hommes sont appelés sur le front, les machines tombent à point pour les remplacer…

Mais en décembre 1940, la fin de la période d'essai approche. Et l'inquiétude augmente au Syndicat d'Electrification… Quelle sera la décision des expérimentateurs ? Combien conserveront leur installation ? Au village, chacun a pu se rendre compte des bénéfices de la révolution électrique pour le monde rural… Mais la plus grosse surprise reste à venir : les habitants de Magnet sont si enthousiastes qu'ils décident d'une seule voix de racheter la quasi-totalité du matériel mis à leur disposition !

Grâce à l'électricité, Magnet devient à la Libération le village le plus moderne de France.

. . . De mystérieux manuscrits,
une écriture disparue, un trésor millénaire.
Qui saura percer le secret ? . . .

Les mystérieux manuscrits de la mer Morte

Les textes bibliques les plus anciens ont été retrouvés sur les bords de la mer Morte en 1947. Quand, cinq années plus tard, d'autres manuscrits sont découverts non loin de là, tout le monde se met à rêver à de nouvelles pages inconnues du Livre Sacré. La vérité est ailleurs, mais non moins excitante…

Deux rouleaux de cuivre, datant du premier siècle avant Jésus-Christ, deux rouleaux qui éveillent les esprits. C'est que la région de la mer Morte est féconde en sites archéologiques. En 1947, dans les grottes surplombant la mer, d'extraordinaires manuscrits sont découverts. En tout, huit cents textes jettent un nouvel éclairage sur les naissances du christianisme et du judaïsme ! C'est sûr : ces deux rouleaux peuvent apporter de véritables révélations…

Des manuscrits de la mer Morte.

Malheureusement, ceux-ci sont si oxydés par le poids des ans et leurs conditions de conservation, qu'ils ne peuvent être déroulés. Dans un premier temps, les rouleaux partent d'abord vers Manchester. Quelques années plus tard, la Jordanie les confie finalement au laboratoire de mécénat technologique d'EDF, Valectra. Radiographie, consolidation par des résines acryliques, moulage en silicone, dépôt électrolytique de cuivre, et les rouleaux délivrent enfin totalement leur secret…

« A Horebbeh, dans la vallée d'Achor, sous les marches qui vont vers l'Est : un coffre d'argent et son contenu d'une valeur de dix-sept talents. Dans le monument funéraire, dans la troisième assise : cent lingots d'or. Dans la grande citerne qui est dans la cour du petit péristyle, dans un recoin de son fond obstrué, face à l'ouverture supérieure : neuf cent talents… »

Bien loin des textes bibliques espérés, il s'agit en vérité d'une carte au trésor ! Il n'en faut pas plus pour qu'aussitôt plusieurs explorateurs se lancent à la recherche du fabuleux Trésor de Salomon, qui aurait été enfoui à la suite de l'invasion romaine. Mais personne, jusqu'à présent, n'a encore réussi à mettre la main sur l'or caché de la mer Morte…

La mer Morte vue depuis le désert de Judée.

... Pour moderniser le pays,
l'Egypte doit effacer une partie de son passé.
A moins d'un miracle international ...

Felouques sur le Nil près du barrage d'Assouan.

Abou Simbel, le temple sauvé des eaux

Au début des années cinquante, l'Egypte est en pleine expansion économique et démographique. C'est le moment que choisit Nasser, le leader incontesté du pays, pour lancer un projet colossal : l'édification du barrage d'Assouan…

L'objectif est à la fois simple et ambitieux : dresser un barrage gigantesque sur le Nil en Haute-Egypte, permettant d'alimenter en eau et en électricité l'ensemble du pays durant toute l'année ! Pareille construction n'est pas sans soulever des problèmes, car son lac de retenue va noyer sous les eaux un territoire riche en temples de l'époque pharaonique. Le dilemme est donc posé : sacrifier la Nubie pour que vive l'Egypte…

En Egypte, comme dans la communauté des égyptologues à travers le monde, l'émotion est immense, la mobilisation générale. Une opération de sauvetage de grande envergure est lancée grâce à l'UNESCO, avec l'aide scientifique, technique et financière des grandes nations occidentales. L'Egypte prouvera d'ailleurs sa reconnaissance en leur offrant certains temples mineurs, qui seront transportés aux Etats-Unis, en Espagne, en Italie, en Allemagne et en France.

Le grand temple d'Abou Simbel, érigé par Ramsès II pour son jubilé, présente la configuration la plus complexe ; il est en effet creusé à même le roc. Les quatre statues qui en gardent l'entrée mesurent plus de vingt mètres. Pour le déplacer, les propositions les plus spectaculaires et les plus farfelues affluent.

En 1964, alors que le désastre est imminent, c'est finalement la solution la plus simple, mais aussi la plus invraisemblable, qui est retenue : le grand temple est scié en plus de huit cents blocs, dont certains pèsent près de trente tonnes !

Transportés soixante-quatre mètres plus haut, en surplomb du lac, les blocs sont alors de nouveau assemblés. Au terme de quatre ans d'efforts, le temple sauvé des eaux est inauguré le 22 septembre 1968. Trois ans plus tard, sous le regard bienveillant des statues colossales de Ramsès II, le barrage d'Assouan produit davantage d'électricité que l'Egypte n'en consomme…

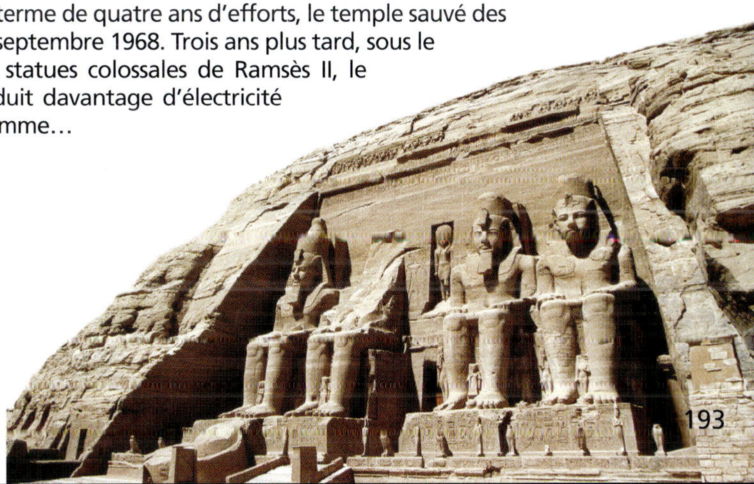

Sans la mobilisation internationale, le temple d'Abou Simbel aurait été englouti par le lac artificiel du barrage d'Assouan.

...Face à l'attaque des champignons, Ramsès II aimerait bien retrouver une deuxième jeunesse...

La momie du pharaon Ramsès II a été restaurée en 1977 dans le cadre du projet Nucléart.

Le retour de la momie

Lorsqu'en 1881, le célèbre égyptologue Gaston Maspero découvre le sarcophage de Ramsès II dans la Vallée des Rois, en Haute-Egypte, le Pharaon repose en paix depuis près de trois millénaires. Hélas, une fois transportée au musée du Caire, sa momie commence à se détériorer inexorablement...

En 1975, le docteur français Maurice Bucaille alerte les autorités égyptiennes de l'état pitoyable de la momie de Ramsès II. Après consultation des gouvernements égyptien et français, les diplomates décident finalement de confier la momie à la France. En 1976, Ramsès II arrive donc par avion spécial à l'aéroport du Bourget, où il est accueilli avec les honneurs dignes d'un chef d'état.

Une cinquantaine de spécialistes, toutes disciplines confondues, se penche alors sur le cas de la momie. L'objectif est clair : diagnostiquer le mal dont elle souffre et stopper au plus vite sa dégradation. Rapidement, on découvre qu'elle est attaquée par une variété maligne de champignons minuscules. Mais le problème reste entier : comment agir sur l'enveloppe, sans détériorer encore un peu plus le pauvre Ramsès II ?

C'est le Commissariat à l'Energie Atomique qui propose la solution la plus efficace et la plus originale. Il s'agit de traiter la momie par... radioactivité ! Cette technique, utilisée dans le cadre du Projet Nucléart de sauvegarde des documents artistiques et archéologiques, assure une stérilisation homogène de la momie, et promet de la prémunir contre de nouvelles contaminations.

L'irradiation est solennellement réalisée le 9 mai 1977, à la centrale nucléaire de Saclay. L'opération dure douze heures et quarante minutes. Le lendemain, Ramsès II est guéri. Il a rajeuni de trois millénaires. Débarrassé de ses parasites, il peut enfin regagner son Egypte natale...

En haut :
Le temple dédié à Ramsès II, à Thèbes, ancienne capitale de l'Egypte.

• • • Un glorieux monument face à un symbole de la modernité. Les deux sont-ils compatibles ? • • •

Les tours, invisibles du château

Saint-Laurent-des-Eaux, petite ville du Loir-et-Cher, située à une dizaine de kilomètres du Château de Chambord. C'est ici qu'Electricité de France a choisi d'installer en 1981 l'une des ses cinquante-huit centrales nucléaires. Architectes, paysagistes et urbanistes locaux se sont engagés à réduire coûte que coûte la « pollution visuelle »...

Développement durable, réduction de la pollution, lutte contre l'effet de serre : l'implication d'EDF sur le plan écologique est multiple. L'architecture et l'intégration des usines dans le paysage français constituent l'un des volets essentiels de cette politique. Pour cela, les spécialistes d'EDF prennent en considération tant les particularités locales que la perspective depuis les points de vue alentours. Parfois même au détriment des installations de l'entreprise.

Pour les habitants de la région, il s'agit avant tout de protéger l'environnement d'un lieu riche d'un patrimoine séculaire. Or, un problème non-négligeable se pose ici : des balcons du célèbre château de Chambord, on pourrait apercevoir les grandes tours réfrigérantes de la centrale nucléaire de Saint-Laurent-des-Eaux. Un spectacle peu agréable, en particulier lorsque, comme les nombreux touristes, on veut s'immerger complètement dans la vieille histoire des châteaux de la Loire.

Que faire ? Renoncer à l'implantation de la centrale ? La construire au prix du panorama visible depuis Chambord ? Architectes, historiens, élus locaux, ingénieurs : tous se mobilisent, à la recherche d'une issue que personne n'entrevoit...

Le salut vient des architectes. Ils proposent à EDF un compromis original : réduire les deux tours de réfrigération de quarante mètres ! Des cent soixante habituels, elles passent à cent vingt mètres. La perte de puissance qui en découle pour la centrale est considérable. Mais force est de reconnaître que, grâce à cela, on peut toujours admirer les paysages immaculés de la Loire, depuis la terrasse du château de Chambord...

A gauche : Le château de Chambord, merveille du Loir-et-Cher, est l'un des plus beaux châteaux de la Loire.

La centrale nucléaire de Saint-Laurent-des-Eaux, dont la hauteur des tours de réfrigération a été réduite, est invisible depuis les terrasses du château de Chambord.

...Un nid douillet au sommet d'un ligne à moyenne tension ? L'idée est moyennement bonne...

Les poteaux électriques sont des lieux privilégiés de nidification des cigognes.

Des cigogneaux bien au chaud

Percussions, électrocutions, les lignes aériennes présentent de nombreux dangers pour les oiseaux. Consciente de ces risques, Electricité de France fait savoir, au cours de sa campagne de 1988, qu'elle étudie tous les moyens pour limiter les dommages causés aux pauvres volatiles… Et les promesses sont tenues !

Depuis 1979, EDF inscrit dans ses priorités la défense et le respect de la nature. Dès lors, l'entreprise initie une collaboration avec des associations de protection de l'environnement, et aménage régulièrement son réseau de distribution, afin de veiller à la sauvegarde des oiseaux.

En avril 1990, un poteau soutenant une ligne à moyenne tension, en bordure des étangs de Palavas, accueille un couple de cigognes. Les oiseaux ont choisi cet « arbre » très particulier pour y construire leur nid et y couver leurs œufs. Mais un couple de cigognes sur un poteau électrique, ça ne passe pas inaperçu. Et les habitants du village s'inquiètent…

Ainsi, des retraités habitant tout près des étangs contactent l'association ornithologique locale. Le message est clair : il faut protéger au plus vite les volatiles du danger électrique. Aussitôt alertée des risques encourus par les cigognes, l'organisation s'empresse d'avertir le service technique d'EDF à Montpellier.

Le 21 avril, journée nationale de la Terre, une équipe intervient sur le terrain. Sa mission : tout faire pour éviter que les cigognes ne s'électrocutent ! Durant toute la journée, et en l'absence de ses occupants, les agents EDF mettent en place autour du nid les protections nécessaires. Tout en veillant attentivement à ne pas le déranger afin que les oiseaux reviennent y nicher…

Quand, quelques heures plus tard, les têtes des câbles sont habillées et que tout risque est définitivement écarté, les agents se retirent discrètement. Depuis leur poste d'observation près des étangs, ils guettent anxieusement l'arrivée des cigognes. Quelle immense satisfaction lorsqu'ils voient le couple d'oiseaux rejoindre enfin le nid pour y couver leurs cigogneaux !

Les fils électriques représentent une sérieuse menace pour les oiseaux. Electricité de France a mis en place des leurres imitant la forme des prédateurs afin de les dissuader de s'en approcher.

... Le Louvre, beau comme un astre dans le ciel de Paris ...

Les façades Renaissance de la cour Carrée du Louvre, édifiées par Pierre Lescot sous François Ier.

Coup de projecteur sur le Louvre

En février 1992, alors que la rénovation du palais du Louvre bat son plein, les services d'Electricité de France proposent de réaliser l'éclairage de la prestigieuse cour Carrée. Un challenge de taille, car avec ses façades néo-classiques et ses bas-reliefs, le chantier promet d'être titanesque…

Le projet est à la hauteur du savoir-faire et des ambitions d'EDF : il s'agit de mettre en valeur les motifs des façades, sans pour autant éblouir les visiteurs. Rejetant un éclairage en plongée trop violent, les ingénieurs se mettent d'accord pour une illumination en contre-plongée, de bas en haut.

EDF fait alors appel à son équipe de conception assistée par ordinateur et à l'équipe du Centre de Recherche en Architecture et en Ingénierie (CRAI) de l'université de Nancy. L'objectif est de simuler par ordinateur l'éclairage de la cour Carrée, pour éviter le moindre risque d'erreur.

Les deux équipes se livrent alors à un travail colossal. En deux mois, les ingénieurs d'EDF modélisent, à partir de millions d'éléments, les façades de la cour Carrée. L'équipe du CRAI prend ensuite la relève pour ajouter virtuellement les sources lumineuses et étudier leurs effets sur le monument. En août 1992, après six mois de dur labeur informatique et dans l'enthousiasme général, les premières images sont disponibles…

La désillusion est totale. Contrairement à l'effet escompté, l'ordinateur montre que l'éclairage de bas en haut ne met pas du tout le monument en valeur. Bien au contraire. S'il peut être agréable à l'œil pendant quelques minutes pour découvrir des éléments cachés du décor, il ne convient assurément pas à l'illumination permanente des façades.

Quelques semaines plus tard, une nouvelle conception de l'éclairage verra le jour, mêlant plongée et contre-plongée. En attendant, si de nombreux membres du Service d'éclairage public sont consternés par les premières images, les ingénieurs d'EDF, quant à eux, sont aux anges. Grâce à l'informatique, ils viennent de montrer leur savoir-faire et d'éviter au musée du Louvre un véritable désastre…

L'éclairage du musée du Louvre représente un vrai défi pour les ingénieurs d'EDF.

... Fille de Zeus et sœur jumelle d'Apollon, Artémis est en visite officielle ...

L'empreinte d'Artémis

Le laboratoire Valectra, créé en 1983, s'inscrit dans le cadre du soutien technologique et scientifique apporté par Electricité de France à la conservation du patrimoine archéologique. La Jordanie ne s'y est pas trompée en confiant une de ses plus belles antiquités au laboratoire français…

Le défi est lancé en 1997, lorsque les autorités jordaniennes demandent à la France de procéder à la restauration de la statue d'Artémis, déesse grecque de la nature et de la chasse, découverte trois décennies auparavant. Datée par les experts de l'époque hellénistique ou de l'époque romaine, entre 400 et 200 avant J.-C., *Artémis de Petra*, environ un mètre de hauteur, est la plus grande statue antique de Jordanie.

Bien que les éléments demeurent en assez bon état de conservation - l'alliage métallique est alors très peu corrodé - la sculpture arrive au laboratoire en une douzaine de fragments ! Les ingénieurs de Valectra utilisent toute la palette des techniques d'analyse physico-chimique pour cette intervention. Et le résultat dépasse les espérances. Bien que privée de sa tête, sans doute dérobée lors d'un pillage, la statue a retrouvé toute son élégance.

Trois ans plus tard, la Ministre de la Culture, Madame Catherine Tasca, ne tarit pas d'éloges sur le travail du laboratoire français, au moment de restituer solennellement l'antiquité à la Jordanie : « Artémis y a trouvé plus qu'une restauration, une nouvelle naissance ! »

L'analyse détaillée de la statue a, entre outre, permis de comprendre le procédé particulier du sculpteur qui l'a conçue : le moulage de bronze d'un modèle de cire, sur lequel repose encore, deux mille trois cents ans après, l'empreinte digitale de l'artiste !

à gauche :
le « Khazneh al-Firaoun » (« Trésor du Pharaon »), sur le site de Petra en Jordanie, est un tombeau antique creusé dans la falaise.

Le culte de la déesse Artémis était particulièrement important dans l'Antiquité grecque et romaine. Ici, l'une des nombreuses sculptures la représentant.

...Un médecin en collaboration avec EDF, c'est un nouvel espoir...

La Fondation EDF est le mécène du programme européen « Lève-toi et marche » de recherche sur l'électrostimulation et EDF est le partenaire de la Fédération Française Handisport.

« Lève-toi et marche »

Lorsque Marc perd l'usage de ses jambes lors d'un accident de la route en 1990, les médecins sont formels : il ne pourra plus jamais marcher, il est paraplégique. Pourtant, grâce à la recherche médicale et aux récentes avancées technologiques en matière d'utilisation de l'électricité, l'espoir subsiste…

La santé, et en particulier la recherche liée aux applications médicales de l'électricité, est l'un des cinq axes de mécénat privilégiés par la Fondation Electricité de France. Celle-ci n'a donc pas hésité à apporter son soutien financier et technique aux expériences concernant l'électrostimulation.

« Lève-toi et marche ». Telle est l'appellation biblique du programme médical européen soutenu par EDF. Si le nom est ambitieux, sa finalité ne l'est pas moins : permettre à des paraplégiques de marcher à nouveau. Le moyen ? L'électrostimulation. Cette technique doit permettre au patient d'utiliser ses propres muscles pour se redresser et marcher, à l'aide de stimulations électriques.

A l'origine de ce projet, le professeur Pierre Rabischong de la Faculté de médecine de Montpellier. Il essaie, depuis les années soixante-dix, d'utiliser le courant électrique comme substitut de l'influx nerveux. Placé sous la peau de l'abdomen, un implant électronique est connecté aux nerfs et aux muscles. De l'extérieur, un programmateur commande l'impulsion nécessaire à la stimulation des muscles et des nerfs.

En février 2000, soit dix ans après son accident, Marc est l'un des premiers patients à tester le nouveau procédé. Le résultat est spectaculaire. Après l'opération et sur l'injonction du professeur Rabischong, Marc se lève et marche ! Depuis, la technique de l'électrostimulation progresse continuellement, la marche des malades devient plus souple, plus fluide. Aujourd'hui, Marc se déplace seul chez lui, avec un déambulateur et un ordinateur qu'il commande. La fée Electricité réalise parfois des miracles…

Le professeur Pierre Rabischong, instigateur du projet « Lève-toi et marche ».

...Produire de l'électricité alors que l'on n'a rien que du soleil ? Rien de plus simple...

Depuis l'arrivée de l'électricité dans leurs villages, de nombreux Maliens se retrouvent pour regarder la télévision.

A la rescousse des sans-lumière

Selon l'Agence Internationale de l'Electricité, plus d'un milliard et demie d'êtres humains vivent sans électricité ! En effet, dans bien des pays, l'investissement nécessaire pour relier au réseau les régions les plus reculées est trop important. La seule solution qui s'offre alors est de tirer l'électricité des richesses locales…

Au Mali, comme dans le reste du monde, les zones rurales sont bien souvent les oubliées du réseau. C'est pourquoi, grâce à une campagne d'électrification baptisée Access, Electricité de France tente, depuis juillet 2000, d'apporter aux Maliens sans-lumière les précieux watts qui leur font défaut…

« En installant des panneaux solaires, nous apportons l'électricité à plus de vingt-quatre mille personnes installées dans les campagnes du pays », déclare avec fierté Vincent Denby-Wilkes, responsable du projet chez EDF.

Véritable révolution pour les Maliens, comme en témoignent les habitants d'un petit village du sud du territoire, Tarasso. Non seulement l'énergie solaire leur apporte lumière et confort, mais aussi une certaine hygiène, en réduisant les vapeurs de kérosène et les fumées toxiques… Et les habitants n'en sont pas peu fiers : Chaka Capi Traoré, un habitant de Tarasso, ne cesse de louer les mérites des panneaux photovoltaïques qu'il s'est fait installer il y a peu. Désormais, il peut allumer deux néons toute la nuit et tirer sa case de la pénombre habituelle…

Et ce ne sont pas les enfants qui diront le contraire… Car, comme tous les autres habitants du village, tous se précipitent le soir venu chez le maire, le seul à posséder un poste de télévision alimenté par un panneau solaire. Et quand les « grands » ne regardent pas *Top Etoile*, une émission de musique traditionnelle du Mali, les plus jeunes se délectent devant *Pocahontas*…

En haut :
Grâce aux panneaux solaires, l'électricité est désormais disponible dans les endroits les plus isolés.

...Des milliers de fidèles attendent avec inquiétude. Y aura-t-il un miracle pour l'homélie ?...

Des milliers de catholiques se retrouvent
sur la Place Saint-Pierre lors des discours du pape.

Intervention divine

En septembre 2003, l'Italie est touchée par la plus grande panne électrique de son histoire. Tout le pays se trouve privé de courant. Les techniciens s'affairent pour rétablir au plus vite le bon fonctionnement du réseau. Mais à Rome, et plus exactement au Vatican, rien ne se passe comme ailleurs…

Panique au Vatican ! L'Etat pontifical est tout entier plongé dans le noir. Même la coupole de la basilique Saint-Pierre n'illumine plus l'immense place. Il est 3 heures du matin, ce dimanche 28 septembre 2003. Or, à midi, Sa Sainteté le pape Jean-Paul II doit impérativement prononcer l'homélie qu'attendent les croyants du monde entier. Difficile, pourtant, de penser que le courant sera rétabli à temps.

En effet, la panne est grave. « La vérité, c'est que nous sommes structurellement dépendants des importations d'électricité jour et nuit », avoue Carlo Bolino, responsable du réseau électrique italien. Ce qui explique que le rétablissement total peut prendre plusieurs heures…

Le chaos est complet et sans précédent dans toute l'histoire de l'Italie. De Naples à Milan, des scènes surréalistes se déroulent. A Rome, des citadins sortis pour la première « Nuit Blanche » culturelle se retrouvent bloqués dans les métros et dans les trains. D'autres errent dans les rues en attendant de pouvoir rentrer chez eux.

Au Vatican, on s'agite pour savoir si le pape pourra s'exprimer. Prévenu à son réveil de la grande panne, le souverain pontife reste serein. A onze heures, le courant n'est toujours pas revenu dans la capitale italienne. Les croyants, confiants, commencent tout de même à arriver sur la place Saint-Pierre. Il est 11h56, et toujours pas d'électricité. Le pape salue et s'installe pour prononcer son homélie. Il ouvre la bouche et, comme par miracle, sa voix retentit dans le monde entier !

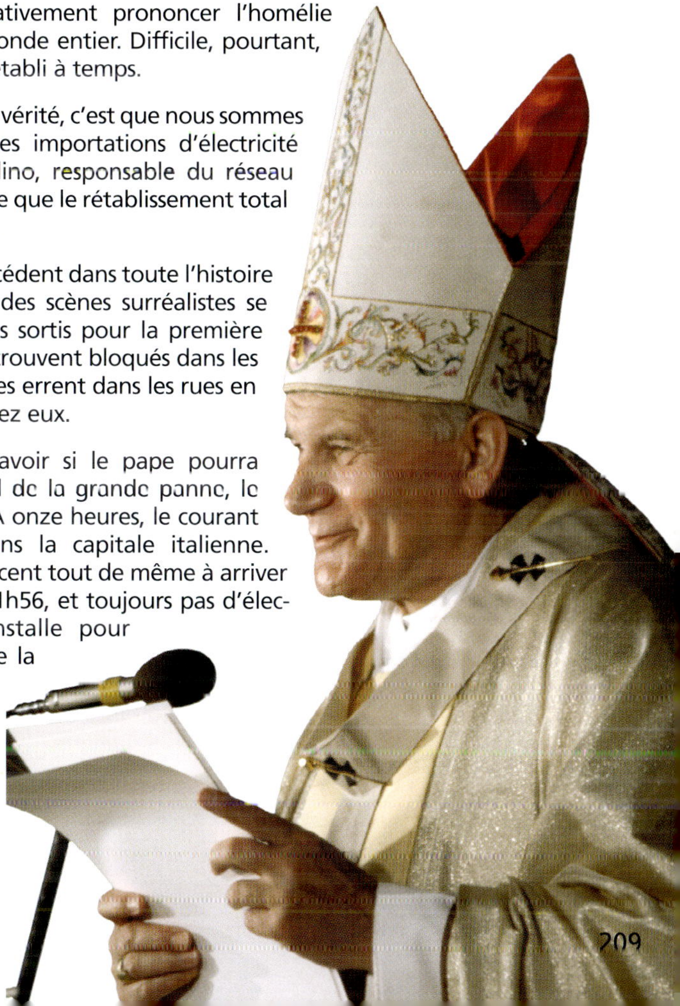

Le pape Jean-Paul II lors d'une homélie.

... L'électricité est aussi

une musique douce et poétique.

Elle a transmis à la littérature,

la danse, les arts plastiques

ou la photographie,

ce supplément d'inspiration qui

les a poussés un peu plus loin.

Au centre des œuvres des plus

grands artistes, elle les guide

comme une bonne fée et

une muse facétieuse...

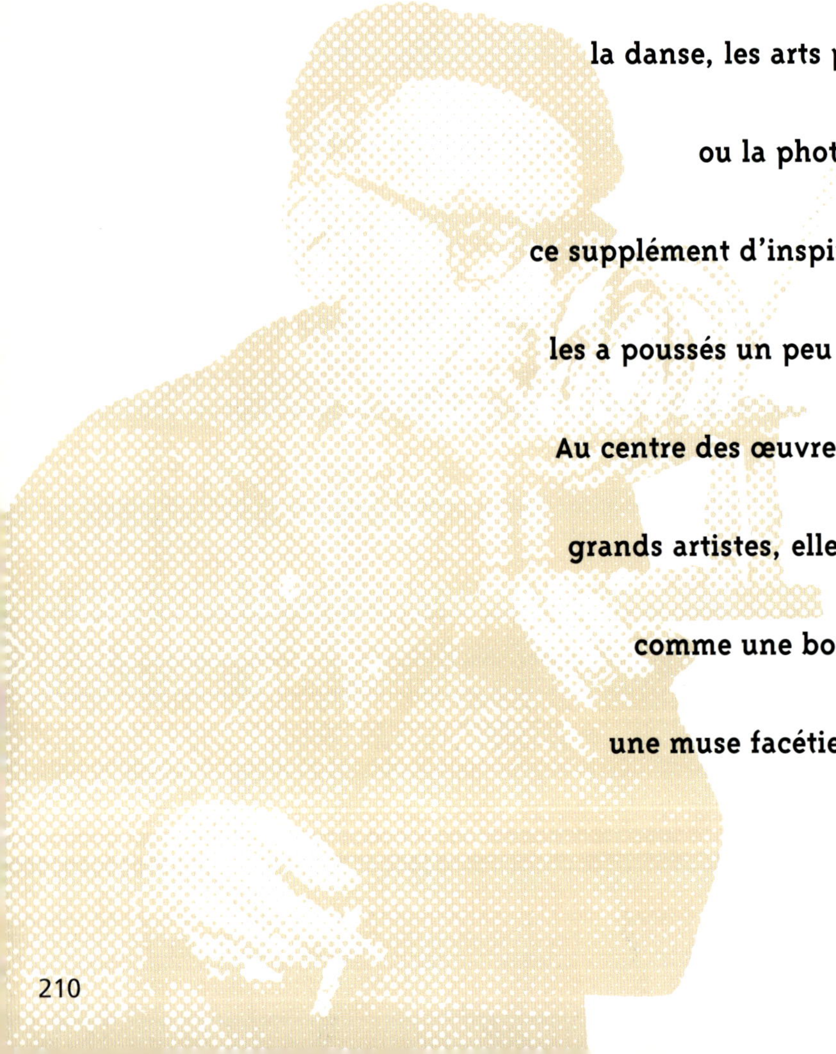

Epilogue : La muse Electricité

• • • Le corps d'Albert Robida a vécu au XIXe siècle. Mais son esprit est celui du XXe. Incontestablement • • •

En imaginant le « téléphonoscope », Albert Robida (1848-1926) se pose en précurseur de la télévision.

Attention, tournade !

En 1883, le dessinateur et romancier Albert Robida publie une trilogie d'anticipation sur le siècle suivant. Visionnaire, l'écrivain imagine un grand nombre d'appareils qui verront effectivement le jour. Mais, contrairement à son contemporain Jules Verne sa vision de l'électricité est teintée de pessimisme…

Au fil de ses trois romans, Robida s'efforce d'entrevoir ce que sera l'électricité au XXe siècle. Alors qu'il ne vit que les débuts de la science électrique, il parvient à créer un monde où celle-ci serait omniprésente au quotidien, dans les transports comme dans les moyens de communication…

Ainsi imagine-t-il le « téléphonoscope », un appareil électrique qui permet à ses utilisateurs d'assister à une représentation de théâtre, une conférence, ou de suivre les actualités à toute heure du jour et de la nuit… sur un écran plat accroché au mur. Le téléphonoscope est évidemment l'ancêtre de la télévision, dont personne n'a la moindre idée à la fin du XIXe siècle.

Mais, chez Robida, l'électricité n'est pas seulement source de bonheur et de confort. Son utilisation courante s'avère dangereuse et exige que l'on s'en protège. D'ailleurs, dans *La vie électrique*, le troisième tome de la trilogie, se forme une sorte de réserve où toute technologie est proscrite. Pourquoi ? Parce que l'électricité, source de tant de progrès, constitue aussi un danger mortel…

En effet, la « tournade », sorte de tempête électrique provoquée par des avaries techniques dans les centrales, menace régulièrement la population. En inventant ce phénomène, Robida cherche à mettre en garde ses contemporains. Mais c'est la tournade déclenchée à la fin de sa trilogie qui permet aux deux héros de se rencontrer…

En haut :
Couverture du roman d'Albert Robida
***Le Vingtième Siècle*, paru en 1883, premier tome de sa trilogie.**

... Jules Verne est un enthousiaste. Il défend avec fougue le Progrès et les inventions. En théorie ...

Le téléphone de Clément Ader, à la fin du XIXe siècle.

Jules Verne (1828-1905), fervent défenseur de l'électricité, a anticipé de nombreuses découvertes scientifiques dans ses romans.

Voyage au centre de l'électricité

Jules Verne a marqué le XIXe siècle par ses ouvrages d'anticipation scientifique, exerçant auprès du grand public une véritable propagande en faveur de l'électricité. Si, très souvent, ses romans ont surpris par leur aspect prémonitoire, son attitude vis-à-vis des nouveautés techniques est parfois contradictoire…

Depuis sa plus tendre enfance, Jules Verne est fasciné par les innombrables possibilités offertes par la science. Lorsque l'énergie électrique voit le jour avec les travaux de savants tels que Ampère ou Faraday, un tout nouvel univers envahit ses livres...

Ainsi, dans un chapitre de *20 000 lieues sous les mers* intitulé « Tout à l'électricité », le capitaine Némo déclare : « Il est un agent puissant, obéissant, répandu, facile, qui se plie à tous les usages et qui règne en maître à bord […]. Cet agent, c'est l'électricité. » De « l'âme de l'univers », comme il la nomme, Jules Verne fait alors le sujet de plusieurs de ses romans. L'auteur est, par exemple, l'un des premiers à imaginer l'éclairage électrique courant… alors qu'Edison n'a pas encore mis au point sa lampe à incandescence !

Certes, Jules Verne n'a rien d'un devin, il est particulièrement bien documenté. Mais à l'inverse de nombre de ses contemporains, il demeure toute sa vie un fervent défenseur de l'énergie électrique, à une exception près…

En 1886, l'écrivain s'installe à Amiens, où il occupe la fonction de conseiller municipal. Fidèle à ses convictions, il se bat pour que l'électricité se fasse une place dans la cité. Il intervient notamment lors de l'installation du tramway ou de l'électrification du théâtre municipal. Mais lorsque les premiers réseaux téléphoniques atteignent enfin Amiens, non seulement Verne refuse de s'abonner, mais il se montre même assez réticent…

Pourquoi un homme empreint d'une telle ouverture d'esprit en ce qui concerne la science fait-il soudain preuve de si peu d'enthousiasme ? Tout simplement parce que sa première - et dernière - communication téléphonique avec son éditeur et ami Pierre-Jules Hetzel ne l'a pas entièrement satisfait

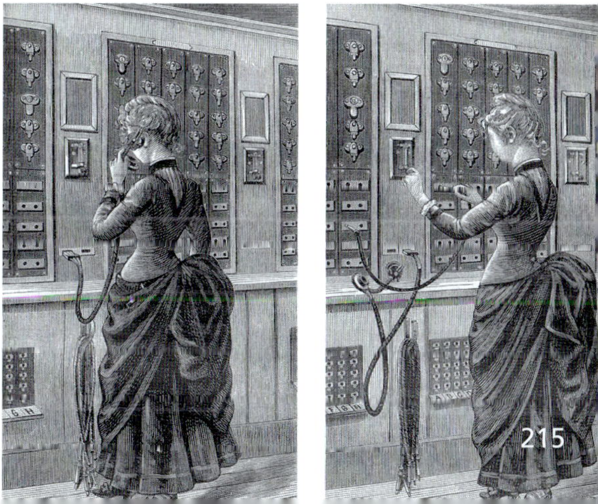

Réception d'une demande et mise en relation de deux abonnés par une opératrice à la fin du XIXe siècle.

. . . L'électricité rend possible ce que l'on osait à peine envisager. L'imagination est enfin au pouvoir . . .

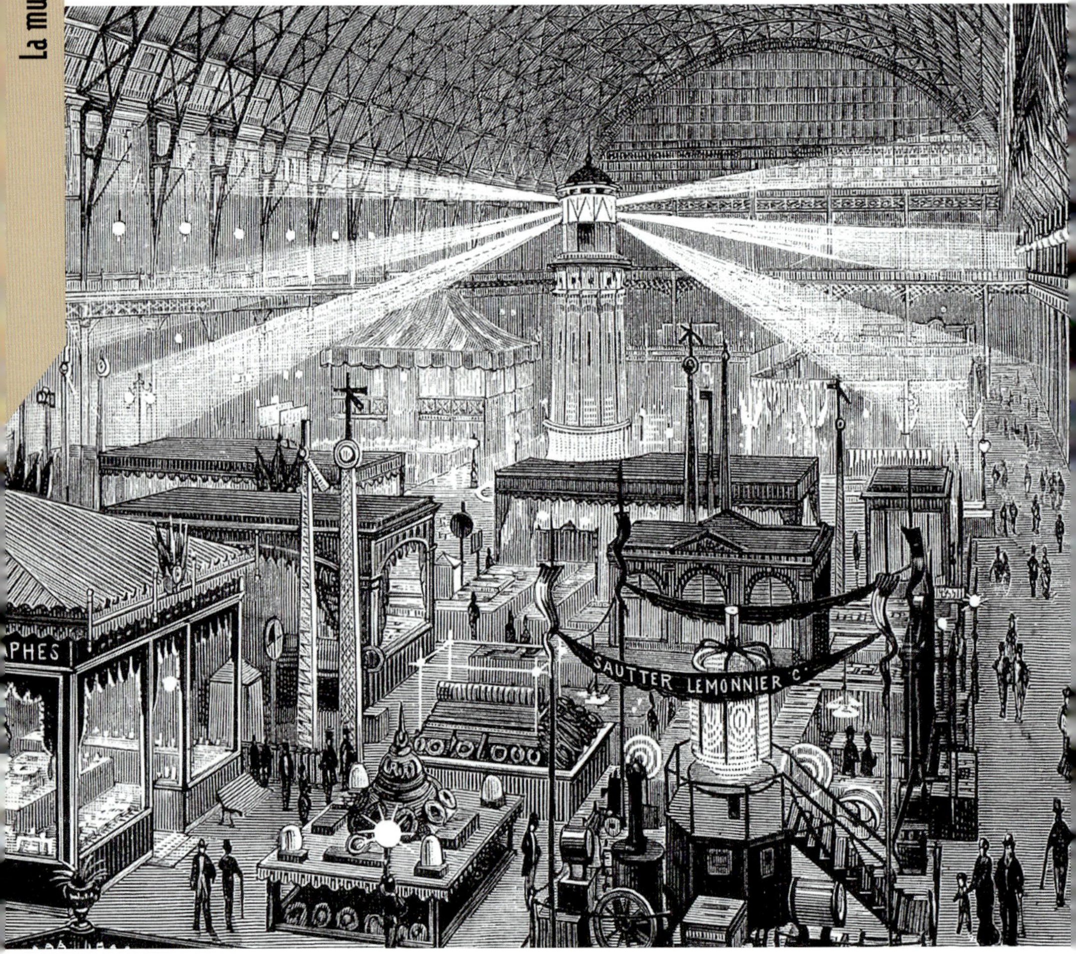

Un projet de phare géant à Paris lors de l'Exposition universelle de 1889.

Paris, ville lumière

Dès les années 1850, l'éclairage public au gaz est peu à peu remis en cause par l'arrivée de nouvelles technologies. A Paris, on tente ainsi de généraliser la lumière électrique dans les rues. Alors que d'autres, bien plus fous, rêvent de transformer la capitale en véritable « ville lumière »…

Les premiers essais d'éclairage à l'électricité à Paris ne sont guère probants : produite par la lampe à arc électrique, la lumière est bien trop aveuglante pour convenir à l'illumination de grands espaces, d'où son utilisation lors de circonstances festives ou sur les chantiers, où l'on peut grâce à elle travailler de nuit.

Mais bientôt, une autre utilisation de l'électricité se fait jour dans les esprits… Depuis l'Ancien Régime, les hommes de science considèrent que la nuit naturelle est indigne de la capitale des Lumières. Pourquoi, pensent-ils, ne pas tout bonnement supprimer la nuit, en illuminant la ville au moyen d'un immense phare central ?

La littérature ne tarde pas à se faire l'écho de ce rêve fou : Théophile Gautier, en 1857, décrit en ces termes le « Paris futur » : « Il n'y aura plus de nuit : sur chaque place s'élèveront des phares. Les hommes dormiront très peu ; ils n'auront pas besoin d'oublier la vie dans cette mort intermittente qu'on appelle le sommeil ».

En 1885, ce projet devient soudain réalisable… En vue de l'Exposition universelle de 1889, Messieurs Bourdais, architecte, et Sebillot, ingénieur électricien, présentent leur Colonne-Soleil. L'édifice, haut de trois cent soixante mètres, serait une sorte de « soleil descendu sur la terre », rayonnant au centre de Paris.

Ce projet techniquement ambitieux se double d'un idéal humaniste. Grâce à ce soleil démocratique, tous les quartiers de la ville seraient équitablement éclairés. On est bien loin de la tyrannie du roi qui voulait se faire soleil… Et pourtant, le comité de préparation de l'Exposition universelle ne l'entend pas de cette oreille. A ce projet visionnaire, il préfère la construction d'une tour métallique, réalisée par un certain Gustave Eiffel…

Théophile Gautier (1811-1872) imaginait une ville de Paris illuminée jour et nuit par des phares.

...Souple, élancée, douce, agressive, féline...

Une danseuse ? Non, l'électricité...

Le terrible incendie du théâtre de Vienne en 1881.
L'explosion est due à une fuite de gaz.

La danseuse électrique

La généralisation de l'utilisation de l'électricité n'est pas allée sans quelques frilosités. Pourtant certains lieux publics, comme les théâtres, ont très vite compris quels bénéfices ils pouvaient en retirer. Mais ils ne sont pas les seuls. Rapidement, les artistes en explorent les possibilités.

Janvier 1874, Paris. Mars 1876, Brooklyn. Décembre 1881, Vienne. Autant de dates qui correspondent à l'incendie d'un théâtre. Une seule cause à toutes ces catastrophes : le gaz. Principalement constitué de particules de matière sèche et hautement combustible, un théâtre est particulièrement inflammable.

C'est pourquoi la lumière électrique est synonyme d'une nouvelle ère pour les propriétaires de lieux de spectacle. Grâce aux bougies Jablochkoff et à la lampe à incandescence, la sécurité est désormais assurée à l'intérieur du bâtiment. Sans parler des applications théâtrales de l'électricité…

De tous les artistes ayant eu recours à la lumière électrique, la célèbre danseuse américaine Loïe Fuller est sans nul doute la plus fascinante. Vedette internationale de la danse solo, « la Fuller » est ainsi la première à faire de l'électricité un acteur de son spectacle.

En véritable experte, Fuller met au point, vers 1890, une danse « serpentine ». Bardée de pierres précieuses, elle danse sous les feux croisés d'une lumière électrique aux couleurs changeantes, et cherche à créer des atmosphères uniques en jouant sur des effets lumineux inédits.

Loie Fuller (1862-1928), la danseuse électrique, à l'affiche des Folies-Bergères en 1897.

Son intérêt pour la science la conduit rapidement à réaliser elle-même des expériences. Elle mêle avec une telle virtuosité chimie, optique et électricité, que ses créations font de nombreux émules. En témoigne le premier film colorié de l'histoire du cinéma, *Annabelle Serpentine Dance*, produit par Edison en 1896, et qui porte à l'écran les évolutions de l'une des nombreuses imitatrices de Loïe Fuller…

...C'est complètement surréaliste.
Comment photographier l'électricité ?
Man Ray a la réponse...

Le photographe surréaliste Man Ray (1890-1976) est l'un des pionniers de l'utilisation artistique de l'électricité.

Man Ray de lumière

En 1923, Charles Malégarie, polytechnicien et ingénieur des Ponts et Chaussées, prend la tête de la CPDE, la Compagnie Parisienne de Distribution d'Electricité. Ouvert à toutes les nouveautés, l'homme fait de l'entreprise une pionnière dans de nombreux domaines : l'action sociale, le marketing à l'américaine et… le mécénat artistique

Dès 1925, Charles Malégarie fournit gracieusement l'électricité nécessaire au fonctionnement des grandes expositions parisiennes. Dans les différents salons organisés à travers la capitale, projecteurs et illuminations fonctionnent, ainsi qu'on peut le lire à chaque instant, grâce à la CPDE. Quoi de plus efficace comme publicité ?

Dans les années trente, l'entreprise se développe et se lance dans le mécénat artistique. Désormais Malégarie, désirant révéler au monde entier la beauté de l'électricité, choisit de commander des œuvres aux artistes les plus renommés…

Ainsi, en 1931, la CPDE souhaite illustrer, grâce à un album de photographies, l'utilisation domestique de l'électricité. Mais le nom de l'artiste pose problème. Malégarie cherche quelqu'un capable d'incarner certaines valeurs telles que l'invention, l'indépendance d'esprit voire l'avant-gardisme.

C'est Man Ray, photographe surréaliste et portraitiste mondain, qui est finalement choisi. Son album *Electricité* lui permet d'explorer de « nouvelles » techniques, comme le photogramme. Procédé employé par les pionniers de la photographie au XIXe, il consiste à placer directement des objets sur la feuille de papier sensible : l'impression se fait sans qu'il y ait besoin d'un appareil photographique. Très satisfait de sa création, Man Ray en fait grand cas auprès de ses amis artistes. Et la rebaptise modestement… « Rayogramme » !

Man Ray (à gauche) en compagnie de Tristan Tzara, le fondateur du mouvement dada.

...Le chef-d'œuvre de Dufy est passé à la postérité. *La Fée Electricité*, c'est tout un programme...

Détail de *La Fée Electricité* de Raoul Dufy. Au centre, celle qui donne son nom à l'œuvre.

A droite : *La Fée Electricité* (1937), immense fresque de soixante mètres de long et dix mètres de haut, retrace toute l'histoire de l'électricité. Elle est visible au Musée d'Art Moderne de la Ville de Paris.

L'hymne à la Fée

Achevée en 1937 pour l'Exposition Internationale de Paris, *La Fée Electricité* reste l'une des plus grandes œuvres picturales jamais réalisées dans l'histoire. Grande, elle l'est tant par ses qualités d'exécution que par ses dimensions. C'est d'ailleurs là ce qui a posé le plus de problèmes à Raoul Dufy…

En 1937, se tient à Paris l'Exposition Internationale des Arts et des Techniques. L'occasion idéale pour promouvoir l'énergie électrique. Outre la construction d'un Palais de la Lumière et de l'Electricité, la Compagnie Parisienne de Distribution d'Electricité décide d'illustrer la nouvelle place de l'électricité par une immense fresque historique. Une seule personne peut réussir cette entreprise ô combien difficile : le peintre Raoul Dufy, un artiste quelque peu démesuré lui aussi…

Très enthousiasmé par cette commande, Dufy se met immédiatement au travail. Son idée est de rassembler sur sa toile toutes les figures scientifiques, politiques, mais aussi imaginaires, qui ont fait l'électricité depuis l'antiquité jusqu'au XXe siècle. Ampère, Franklin, Zeus… au total, cent neuf personnalités vont être représentées !

Après les esquisses et études préparatoires nécessaires à l'élaboration du chef-d'œuvre, le peintre et ses assistants s'attaquent à la réalisation des personnages. Chacun est travaillé, d'abord à partir de modèles nus, puis en costumes. Le projet avance rapidement : déjà deux cent cinquante panneaux attendent dans un hangar de Saint-Ouen, prêts à être assemblés ! C'est là que les problèmes surgissent…

Etalés au sol, les panneaux, d'une longueur totale de soixante mètres et d'une largeur de dix, couvrent une surface de six cents mètres carrés. Comment les réunir solidement sans gâcher la fresque ? Dufy n'hésite pas. Il contacte son ami, le chimiste Jacques Maroger, qui invente pour lui une colle spéciale. Au bout de quatre mois, leurs efforts sont enfin récompensés : un million et demi de visiteurs repartiront éblouis de leur rencontre avec *La Fée Electricité*…

Vers 600 av. J.-C.	Thalès de Milet observe l'attraction exercée par l'ambre jaune sur certains corps légers
1600	Dans *De arte magnetica*, William Gilbert appelle « electrica » les matériaux ayant les mêmes propriétés que l'ambre jaune (« êlektron » en grec)
1660	Première machine électrostatique par Otto von Guericke
1729	Stephen Gray distingue les corps isolants des corps conducteurs
1738	L'abbé Nollet, premier vulgarisateur scientifique, publie son *Cours de physique expérimentale*
1745	Invention de la bouteille de Leyde, premier condensateur, par Petrus van Musschenbroek et Andreas Cuneus
1746	Lemonnier tente de mesurer la vitesse de l'électricité
1752	Invention du paratonnerre par Benjamin Franklin
1786	Luigi Galvani parvient à contracter les muscles d'une grenouille morte grâce au courant électrique
1793	Dominique Larrey reprend l'expérience de Galvani sur une jambe humaine après son amputation
1797	Xavier Bichat reprend l'expérience de Galvani sur des cadavres de suppliciés
1796	Invention de la pile d'Alexandre Volta
1813	Invention de la première lampe électrique, la lampe « œuf » d'Humphrey Davy
1820	Christian Oersted découvre l'électromagnétisme, en déviant une aiguille aimantée grâce au courant électrique

Chronologie

1834 Michael Faraday établit les lois de l'électrolyse

1835 Invention de l'électroaimant par André-Marie Ampère et François Arago

1837 Invention de la télégraphie électrique par William Cooke et Charles Wheatstone, ainsi que du moteur électrique par Thomas Davenport

1839 Moritz Hermann von Jacobi circule en canot électrique sur la Neva

1840 Découverte du gutta-percha (dérivé du latex), matière isolante pour les câbles électriques

1844 Premiers essais d'éclairage à Paris, place de la Concorde

1848 Invention du régulateur par Léon Foucault

1849 Première utilisation de l'électricité dans un spectacle, pour Le prophète de Meyerbeer à l'Opéra de Paris

1865 Le phare de la Hève au Havre est le premier à être équipé en électricité

1866 Installation du premier câble transatlantique

1871 Invention de la dynamo par Zénobe Gramme

1876 Invention du téléphone par Graham Bell

1877 Invention du phonographe par Thomas Alva Edison

1879 Invention de la lampe à incandescence par Thomas Alva Edison et mise au point du tramway de Werner von Siemens

1882 Premier réseau de distribution d'électricité à New York

1881 Invention de la bougie de Jablochkoff.
Première exposition internationale de l'électricité à Paris
Invention du théâtrophone par Clément Ader

1883 Parution du *Vingtième Siècle*, premier tome de la trilogie d'anticipation d'Albert Robida

1886 Josephine Cochrane dépose le brevet du premier lave-vaisselle

1887 Heinrich Hertz découvre les ondes radioélectriques

1889 Invention du four électrique

1890 Invention de la cuisinière électrique
Première exécution capitale par électrocution aux Etats-Unis

1891 Invention du fer à repasser électrique par Henry W. Seely

1894 Premier électrocardiogramme
Création en France de l'Ecole supérieure d'électricité, future Supélec

1895 Découverte du rayon X par Wilhelm Conrad Röntgen
Les sphères de Birkeland (expérience de la Terrella) élucident le mystère des aurores boréales

1896 Découverte de la radioactivité par Henri Becquerel

1901 Invention de l'aspirateur par Cecil Booth

1904 Invention du lave-linge par Eugène Félix Hénin
Larderello est le premier site géothermique à fournir de l'électricité

1907 Première grève de l'électricité en France

1910 Invention du premier poste de radio par Dunwoody et Pickard

1919 Expérience nucléaire de Ernest Rutherford

1920 Karel Capek emploie le terme « robot » dans son roman Les robots universels de Rossum

1922 Invention du projecteur de cinéma Pathé Baby

1923 Premier salon des arts ménagers à Paris
Invention de la première guitare électrique par Lloyd Loar, ingénieur chez Gibson

1934 Invention de la télévision par Farnsworth

1937 Exposition à Paris de la fresque géante de Raoul Dufy, *La Fée Electricité*

1938 Découverte de l'électrochoc

1945 Invention du four à micro-ondes par Percy Spencer
Invention du premier ordinateur par John Eckert et John Mauchly

1946 Création d'EDF à la suite de la nationalisation d'un millier d'entreprises privées

1961 Chinon A1 est la première centrale nucléaire d'échelle industrielle en France

1963 Fin des travaux de construction de l'usine marémotrice de la Rance
Opération « Compteur bleu » d'EDF

1965 Panne générale d'électricité à New York et dans l'est des Etats-Unis

1968 Invention du jacuzzi
Implantation du four solaire de Font-Romeu

1973 Invention du premier robot entièrement électrique

1974 Le programme Mesmer prévoit la construction de treize centrales nucléaires en France

1975 Roland Moreno dépose le brevet de la carte à puce électronique

1976 Construction de Thémis, la première centrale solaire en France

Le site d'Electricité de France

http://www.edf.fr

Le site d'Electricité de France

Musée virtuel d'EDF
http://www.edf.fr/html/fr/histoire/musee/

Musée EDF Electropolis
http://www.electropolis.tm.fr

Maison d'Ampère – Musée de l'électricité
http://musee-ampere.univ-lyon1.fr

Musée des arts et métiers
http://www.arts-et-metiers.net

Cité des Sciences et de l'Industrie
http://www.cite-sciences.fr/francais/indexFLASH.htm

Palais de la découverte
http://www.palais-decouverte.fr

Les sites des institutions

La Nef des sciences, association de diffusion de la culture scientifique, technique et industrielle
http://www.nef-des-sciences.univ-mulhouse.fr/

Académie des sciences
http://www.academie-sciences.fr/

Supélec, école supérieure d'électricité
http://www.supelec.fr

Le patrimoine de l'Ecole Polytechnique – Collections d'instruments de physique
http://www.bibliotheque.polytechnique.fr/patrimoine/

Pour aller plus loin sur Internet

Les sites sur l'histoire et le fonctionnement de l'électricité

L'histoire de l'électricité par EDF
http://www.edf.fr/html/fr/histoire/modules/histoire.htm

Introduction au domaine de l'électricité par l'Institut National de Recherche Pédagogique
http://www.inrp.fr/lamap/scientifique/electricite/accueil.html

Physique et électricité sur Noé, « un site pour les profs »
http://noe-education.org/D1125.php3

Espace réservé

Timée-Editions vous propose de prolonger le plaisir des 100 plus belles histoires de l'électricité sur l'espace Internet réservé aux lecteurs de cet ouvrage.

Vous y trouverez des Belles Histoires inédites et de nombreuses surprises...

Pour vous connecter, rendez-vous sur le site :
www.timee-editions.com

Cliquez sur le livre : *Les Aventuriers de l'Energie*

Login : LesAventuriers

Mot de passe : Energie

Sommaire détaillé

Sommaire détaillé

Crédits photographiques :

Agence Corbis
pp. 12, 13, 14, 15, 16, 17, 18, 19, 20, 21, 22, 23, 24, 25, 28, 52, 58, 69 (bas), 80, 81, 82, 84, 85, 86, 88, 89, 90, 91, 92, 94, 95, 96, 97, 98, 99, 103, 116, 117, 120, 121, 123, 124, 129, 132, 133, 134, 135, 136, 142, 143, 146, 147, 149, 150, 151, 152, 154, 155, 156, 157, 165, 166, 167, 168, 170, 172, 173, 174, 175, 182, 184, 190, 191, 192, 193, 194, 195, 196, 198, 200, 201, 202, 203, 204, 205, 208, 209, 213, 214 (bas), 217, 218, 219, 220, 221 et couverture.

Musée EDF Electropolis, Mulhouse
pp. 29, 30, 31, 32, 33, 34, 35, 36, 37,38, 39, 40, 41, 42, 43, 44, 45, 46, 47, 48, 49, 50, 51, 53, 54, 55, 56, 57, 59, 60, 61, 62, 63, 64, 65, 68, 69 (haut), 70, 71, 72, 73, 74, 75, 76, 77, 78 (Photo Atoll), 79 (bas : Photo Henri Parent), 83, 87 (Photo Atoll), 93, 102, 104, 105, 106, 107, 108, 109, 110, 111, 112, 113, 114, 115, 118, 125, 126 (Photo Arta), 127, 130, 131, 148, 178, 179, 180, 181, 183, 185, 186, 187, 212 (Photo Atoll), 214 (haut), 215, 216 et quatrième de couverture.

Médiathèque EDF
pp. 119, 128, 137, 138, 139, 144, 145, 153, 158, 159, 160, 161, 162, 163, 164, 169, 171, 197, 199, 206, 207, 222, 223.

© Citroën Communication
p. 122

Madame Hahn à Magnet
pp. 188, 189

Remerciements

Nous souhaitons adresser tous nos remerciements à Monsieur Marcel Boiteux, Président d'honneur d'Electricité de France,
A Monsieur Philippe Méchet, Directeur de la Communication et des affaires publiques d'Electricité de France,
A Madame Agnès Bader, Déléguée aux grands projets de l'information,
A Monsieur Philippe Bouvier, Chargé de Mission Histoire à la Fondation Electricité de France,
A Monsieur Damien Kuntz de la cellule collection et documentation du Musée EDF Electropolis de Mulhouse,
A Madame Françoise Allache et à Monsieur Patrick Larribe de la Médiathèque EDF,
A Citroën Communication, à Madame Hahn, présidente de l'Association Magnet Village Electrifié et à toute l'équipe de l'Agence Corbis.

Association Magnet Village Electrifié
A la suite de la commémoration de l'électrification de Magnet dans l'Allier, en 1999, une association loi 1901 « Magnet Village Electrifié » s'est constituée pour mettre en valeur une identité communale étroitement liée à l'électrification en milieu rural. Son projet est de créer, à Magnet, un ELECTRODROME dont le concept s'articule autour de l'électricité et de toutes ses applications innovantes.
Renseignements auprès de la présidente, Madame Hahn, 78 route de Périgny, 03260 Magnet, tél. : 04 70 99 81 38.

Musée EDF Electropolis
Le Musée EDF Electropolis implanté en Alsace, à Mulhouse, raconte la fabuleuse histoire de l'électricité, depuis l'Antiquité.
Nouveauté 2003 : spectacles, collections d'objets, effets spéciaux et interactifs mettent en scène l'apparition de la fée électricité et ses nombreux effets sur la vie quotidienne du XXème siècle.
Animations « décoiffantes » et spectacle multi-média plusieurs fois par jour.

Musée EDF Electropolis
L'aventure de l'électricité
55, rue du Pâturage
68200 Mulhouse
tél. : 03 89 32 48 50
télécopie. : 03 89 32 82 47
internet : www.electropolis.tm.fr
courriel : electropolis@electropolis.tm.fr
Ouvert toute l'année.

Mise en page : Aline Girard
DesignExMachina

Impression : E3 Expansion
28, rue des Tilleuls
92100 Boulogne - France

Timée-Editions
28, rue des Tilleuls
92100 Boulogne – France
www.timee-editions.com